环境设计丛书

城市环境设施
规划与设计

CHENGSHI HUANJING SHESHI
GUIHUA YU SHEJI

徐耀东　张轶　著

化学工业出版社

·北京·

内容提要

　　本书主要从城市环境设施的历史与发展，探求优秀的城市环境设施的规划与设计理念；由于环境设施设计具有较强的学科交叉性，需要涉及工科、文科、艺术等不同背景的专业，所以本书将涉及的相关专业及知识点进行系统的梳理、归纳和整合，形成城市环境设施系统的理论体系；从景观规划设计的角度出发，并与建筑、规划以及艺术等学科衔接，使得环境设施的设计与应用变得更加合理有序，能使人切身体会到人性化的服务和来自城市的无微不至的关怀。

　　本书主要运用了分析的手法对所涉及的理论进行了剖析并配以图片加以阐述，同时结合实际案例对照理论知识逐一分析，这样更有利于不同层次的学生对该课程的理解，同时加强理论与实践的结合。

　　本书可作为高等院校环境艺术设计专业的教材，也可作为相关艺术设计专业从业人员的参考用书。

图书在版编目（CIP）数据

　　城市环境设施规划与设计 / 徐耀东，张轶著. — 北京：化学工业出版社，2013.8（2015.8重印）
　　环境设计丛书
　　ISBN 978-7-122-18019-3

　　Ⅰ. ①城… 　Ⅱ. ①徐… ②张… 　Ⅲ. ①城市公用设施 - 环境设计 - 高等学校 - 教材 　Ⅳ. ① TU984.14

　　中国版本图书馆 CIP 数据核字（2013）第 165923 号

责任编辑：张建茹　潘新文　　　　　　　装帧设计：溢思视觉设计工作室
责任校对：陈　静

出版发行：化学工业出版社（北京市东城区青年湖南街13号　邮政编码100011）
印　　装：北京彩云龙印刷有限公司
787mm×1092mm　1/16　印张8　字数178千字
2015 年8月北京第 1 版第 2 次印刷

购书咨询：010-64518888（传真：010-64519686）
售后服务：010-64518899
网　　址：http://www.cip.com.cn
凡购买本书，如有缺损质量问题，本社销售中心负责调换。

定　　价：39.00元　　　　　　　　　　　　　　　　版权所有　违者必究

序

PREFACE

　　城市环境设施（Urban Street Furniture or Urban Elements）泛指在街道、道路上为各种不同使用需求而设置的设备、物件。这些物件的设置与设计通常对交通安全、公共安全、公共空间中公众生活之便利等方面有相当程度的影响。城市环境设施并不一定局限于街道和道路，不同的公共空间类型如广场、公园绿地、游憩区等也离不开它们的装饰和功能的发挥。

　　作为城市环境基础设施的组成部分，它具有科学、功能、艺术、文化等多样特征。按其属性可以分为市政管理设施、交通设施、休息设施、城市信息设施 、照明设施、卫生便利类、无障碍设施、公共艺术设计等多种类型。其规划与设计要求具备系统性、功能性、合理性 、个性化、以人为本和可持续性等原则。

　　南京理工大学徐耀东老师所撰写的《城市环境设施规划与设计》一书在系统综述城市环境设施的应用现状和发展趋势的基础上，介绍了城市环境设施的分类和规划原则，同时结合城市广场、街道、居住区和公园的环境设施规划与设计对其进行了阐述，并采用实际案例分别做了分析、讨论、研究，具有一定的专业前瞻性和学术洞察力。

该书结构完整、条理清晰、逻辑性强、具有较强的学科交叉性，涉及到工科、文科、艺术等不同背景的专业，是一本很好的城市环境规划设计教材。该教材核心内涵的传播可以提高区域的标识性，空间美感度和城市的宜居性。这是非常值得深化研究、创意规划和潜心设计的专业方向。随着经济的发展，城市设计的不断完善，其重要性还会不断展现。

城市环境是一个由物质、非物质和人类活动综合作用组成的整体系统，其宏观涵盖经济、社会、文化的各个方面，微观包括城市基础设施、生活设施、建筑形态等各个细节。期待《城市环境设施规划与设计》深入挖掘空间与赏美、历史与现代、自然和文化、社会与经济的规律，系统分类区域和场所特征，提升应用和宜人、形式与功能的价值表达，为改善城市环境品质做出贡献。

张德顺

同济大学建筑与城市规划学院

2013 年 7 月 26 日

前言

FOREWORD

随着社会经济与科学技术的发展，越来越多的人选择在城市生活，城市环境设施作为城市生活品质的体现备受人们关注。环境设施是城市环境中不可缺少的部分，其功能性、景观性、艺术性等多种特征在现代城市生活中扮演着重要的角色。

城市的快速发展促使城市的功能日益多样化，环境设施的功能和种类也越来越复杂化，使城市环境设施更加具有系统性和综合性等特征。

目前，根据中国城市的环境设施设计现状分析，发现存在诸多问题：首先，在设计上缺乏成熟的专业团队，而主要由规划、产品、景观及艺术设计等行业附带设计，这就导致环境设施往往变成城市建设中的附属品，缺乏完整系统的研究与设计。其次，由于从事环境设施设计人员的专业背景不同，各个专业之间又缺乏有机的衔接和联系，从而导致在环境设施这一领域，学科理论体系不健全，使得其在城市的整体环境中不能发挥最佳效果。

本书的目的在于通过理论与实践相结合的研究途径，构建完整的环境设施理论体系。环境设施理论体系的建立，对环境设施设计的研究不仅具有理论意义，还具有十分重要的实践指导意义。

本书在编写过程中得到了许多专家、老师和同学的帮助，在这里衷心地感谢同济大学建筑与城市规划学院张德顺老师、东南大学建筑学院高祥生老师、南京林业大学邵晓峰老师给予的指导与建议。此外，还特别感谢南京理工大学环境设计专业冯思、李林燕、王茜茜、罗冉、司玉莹、任志涛、马凯强等同学及化学工业出版社的大力支持和帮助。

最后，诚挚地期待广大同行、专家和读者的批评与指正。

徐耀东

2013 年 6 月

目录

CONTENTS

1 城市公共环境设施概述

　　随着社会经济与科学技术的发展，越来越多的人选择在城市生活，城市环境设施作为城市生活品质的体现备受人们关注。环境设施作为城市环境要素之一，是城市环境中不可缺少的部分，其功能性、景观性、艺术性等多种特征在现代城市生活中扮演着重要的角色。

　　城市的快速发展促使城市的功能日益多样化，环境设施的功能和种类也越来越复杂化。城市环境设施已不仅是在城市空间中放置休闲座椅、灯具那么简单，而是需要具有系统性和综合性等特征。

　　目前，根据中国城市的环境设施设计现状分析，发现存在诸多问题：首先，在设计上缺乏成熟的专业团队，而主要由规划、产品、景观及艺术设计等行业附带设计，这就导致环境设施往往变成城市建设中的附属品，缺乏完整系统的研究与设计。其次，由于从事环境设施设计人员的专业背景不同，各个专业之间又缺乏有机衔接和联系，从而导致在环境设施这一领域，学科理论体系不健全，使得其在城市的整体环境中不能发挥最佳效果。

　　鉴于上述的分析，本书主要从以下几个方面作为切入点：首先，追溯城市环境设施的历史与发展，探求优秀的城市环境设施规划与设计理念；其次，由于环境设施设计具有较强的学科交叉性，需要涉及到工科、文科、艺术等不同背景的专业，所以本书将涉及到的相关专业及知识点进行系统的梳理、归纳和整合，形成城市环境设施系统的理论体系；最后，从景观规划设计的角度出发，并与建筑、规划以及艺术等学科衔接，使得环境设施的设计与应用变得更加合理有序，能使人切身体会到人性化服务和来自城市的无微不至的关怀。

　　本书目的在于通过理论与实践相结合的研究途径，构建完整的环境设施理论体系。环境设施理论体系的建立，对环境设施设计的研究不仅具有理论意义，还具有十分重要的实践指导意义。

1.1　城市环境设施的概念

　　所谓"环境设施"，这一词的含义最早起源于英国，英语为street furniture，直译为"街道的家具"，简略为SF。在欧洲称为"urban element（城市配件）"，在日本则被理解为"步行者道路的家具"或者"道的装置"，也称为"街具"。在中国为"环境设施"，也称"公共设施"或"城市环境设施"。随着现代城市发展变化，这一概念也在逐渐扩大其范围。

图 1-1　法国巴黎埃菲尔铁塔

　　环境设施一直以来便是城市与建筑的衍生物，它伴随着人类文明而诞生，并因循城市文化和机制的要求而发展变化。

1.2　城市环境设施功能性

（1）基本功能

　　是环境设施本身所体现出的直接向人们传达最为基本的使用、便利、安全等功能，它很容易被人们感知和体会。如休息设施向人们提供就座休憩功能、景观灯为人们提供照明、信息设施指引人们到达正确的地点等。这些基本功能是设施的"本职工作"，因此是人们对设施的最低要求，设计者要对设施的基本功能有清楚的认识，怎样去更好地实现它而不应满足于能使用就行。有些环境设施的失败就是因为太注重其他的功能而削弱了基本功能。

（2）环境功能

　　环境设施通过形式、数量和布局形式对公共环境的内容给予补充和强调，通过自身的形态构成与特定性质的环境空间相互作用来体现出环境意象这一功能。

（3）附属功能

　　城市环境设施的主要作用是完善城市的使用功能，满足人们的生活需求，提高人们的生活质量与工作效率，给人们带来很大的方便。此外，优秀的环境设施设计应该满足人们的心理需求，具有潜移默化的教化作用，给人们精神上带来寄托和某种启迪，这类环境设施多属于纪念性和标志性的设施。如图1-1所示法国巴黎的埃菲尔铁塔，如今已成为法国的标志与象征。

（4）审美功能

以其形态、色彩、构图等对环境起到的美化和装饰的作用，通过艺术处理给人以视觉冲击。城市环境设施对营造美好的城市环境和树立良好的城市形象具有很大的促进作用，它也是体现城市文明与现代化的重要标志。

1.3 环境设施在城市公共空间中的意义

环境设施不仅是城市景观环境的组成部分，更重要的是，它已经成为城市环境中不可或缺的要素。它与建筑物等元素共同构筑了城市空间环境的形象，反映了一个城市的景观特点，表现了城市的性格与气质，以及城市的经济发展状况。城市环境设施在实现其自身功能的基础上，也体现着居民的生活品质和精神风貌，反映着城市的特色，传递着城市的文化内涵。此外，完善的环境设施能为城市带来良好的秩序感，还能够规范人们的行为习惯，使人们的生活变得更加舒适和谐。

环境设施与城市的社会环境、经济环境、人文环境有着较为密切的联系，在设计过程中应更加注重与这些元素融为一体。环境设施不仅是城市空间环境中的元素，更是环境景观的创造者。环境设施的存在，为城市空间环境赋予了积极的内容和意义，丰富和提高了城市景观的品质，改善了人们的生活质量。城市环境设施以系统性、科学性、艺术性、文化性、休闲性等特征展现在现代城市景观环境中，与人们的生活、文化息息相关，它在一定程度上是社会经济、文化的载体与映射，也是人的观念、思想的综合表象。

此外，环境设施的品质也能反映出一座城市的文化基础、管理水准以及市民的文化修养。环境设施的设计不能停留在表面层次上，而应与整个城市景观环境和文化内涵融为一体。

2 公共环境设施的发展历程及其趋势

2.1 城市公共环境设施的发展历程

图2-1　古希腊露天剧场

城市环境设施的历史是一部伴随着城市与建筑发展的历史，在城市文明的初始阶段，从城市设施到建筑小品，无论是内容还是形式，都只体现了一种最基本的需求关系——"为炫耀权力而建造宫殿，为着栖身而建造宅舍，为人们通行而建造的道路和桥梁。"人类创造美好家园的欲望是永无止境的。伴随着生产力的发展，文化的进步，人们不断扩大城市规模，开创新的城市环境设施来满足自身的物质与精神需求，环境设施伴随着城市与文明的发展从而具有了自己漫长的历史。

在人类文明早期的西方，古希腊是欧洲文化的摇篮，希腊半岛因其气候温和，适宜户外活动，在城市中出现了许多公共活动的场所，如露天剧场、广场等，因此在这些场所出现了诸多配套设施，如台阶，雕塑，水池，路灯等环境设施。著名的雅典卫城是国家的宗教活动中心，其建筑完美的艺术形式影响着欧洲两千多年的建筑史，其中的山门、台阶、门前装饰物及雕塑以适宜的比例、尺度与建筑的关系成为早期环境设施的佳作，如图2-1、图2-2所示。

图2-2　雅典娜塑像

图 2-3　庞贝古城遗址中街道　　　　　　　　图 2-4　庞贝古城遗址中环境设施

　　古罗马继承了古希腊晚期的建筑成就，并有很大的发展，达到了西方奴隶制时代建筑与城市建设的高峰。在古罗马时代的城堡景观环境则由园内的凉亭、沿墙的座凳、花池和雕塑等对称布置的环境设施形成。古罗马拥有大量劳动力、财富与自然资源，其城市环境设施亦进入了发展盛期，譬如街灯、花坛等设施遗迹至今尚存。在庞贝古城遗迹（公元 79 年）中，人们可以看到造型各异的井台、水架、花坛、壁饰等环境设施。欧洲考古学家在庞贝城遗址中，曾发现古罗马时期的一千余处墙头招牌。当时古罗马街头竖立着凌乱不堪的招牌，使得本来就狭窄的街道显得更加拥挤，以致影响市容、阻塞交通，于是规定一律改用墙壁做招牌，如图 2-3、图 2-4 所示。

　　中世纪的欧洲，以宗教场所作为城市活动的中心，因而，教堂广场成为城市的重要场所，市民们在此聚会、狂欢、举行庆典。特定的城市空间环境促使特定环境设施的产生，在这些教堂广场中往往设置高耸的钟塔，以及具有宗教意味的雕塑等。城堡园林内主要以环境设施为主体，分别设置藤蔓架、凉亭，休息座凳、水渠、花坛、雕塑等，它们对称的布局营造了深邃幽远的环境意境。

图 2-5　意大利园林中露台叠水

　　意大利"文艺复兴"时期的园林是以露台式园林为主，在建筑前开辟层层山地，分别配置坡坎、平台、花坊、水池、喷泉、雕塑等。在水景处理方面，理水的手法丰富多样，例如，于高处汇聚水源作贮水池，然后顺坡势往下引注成为水瀑、平濑或流水梯，在下层台地则利用水落差的压力形成各种喷泉，如图 2-5 所示。这种设计形式在传入法国后，对 18 世纪的欧洲甚至世界各国的园林发展产生了深远的影响。

　　此外，在中国的古代，石牌坊、牌楼、拴马桩、石狮、灯笼及水井等反映了古代人们的生活需要。宋代画家张择端的《清明上河图》，

图 2-6　清明上河图中环境设施

真实描绘了北宋时期京都、汴梁集市的繁荣景象，画面展示了当时街道中的店铺及各种招牌、门头、幌子等。如图2-6所示。

19世纪的工业革命，为建筑与城市的发展开创了一个新纪元，环境设施也因为新技术、新材料的出现而得到了进一步的革新。随着第二次世界大战后经济的回升，城市发展也进入了一个迅速膨胀的阶段，由此也暴露出了城市环境设计中的诸多问题。各国开始将新的理念引入城市设计领域，环境设施作为城市环境的重要组成部分也开始备受关注，其建设与发展也被纳入政府的相应法规之中。环境设施在城市环境设计的实践中得到了不断改进，内容与数量随着城市建设的不断发展而日趋丰富，质量也随着城市设计理念的不断完善而得到提高。

在中国，较早且全面地对环境设施进行评估和分类的学者当数梁思成先生。他在1953年的一次考古人员训练班演讲中，就曾对部分环境设施的分类较为客观地勾画出了清晰的轮廓，如：园林中的附属建筑，桥梁及水利工程，陵墓，防御工程，市街点缀，建筑的附属艺术品等。

系统的、配套的环境设施设计是当今世界城市环境建设中的一个重要环节。如今，国内城市也开始从专业角度关注城市环境设施的发展，使中国城市环境设施的发展逐渐进入理性的轨道。

2.2 环境设施发展趋势

在21世纪，伴随着人类社会发展的信息化、现代化、技术化，人们的生活方式将会发生很大改变。随着人们对环境设施需求的逐渐增加，设计既要做到以"人"为核心，满足人们的需求，也要顺应时代及科技发展，使其真正融入到人们的生活中。

2.2.1 多元化

多元化在不同层面上有着不同的解释。首先，不同阶层、年龄的人在不同的场合对城市环境设施有着不同的需求；其次，科技的进步为环境设施发展提供了必要的技术条件，使其在功能和形式上更加多元化。

2.2.2 智能化与信息化

目前，计算机智能化和信息综合化的程度得到了很大发展，人们所进行的设计是从"信息"着手，将人们通过感觉和知觉对事物认知的结果作为设计的基本价值，促进了环境设施的智能化与信息化。

现代环境设施是一个综合、系统的概念。人们过去常常把它们简单的分解为实用和装饰两大类，在信息时代的今天，信息资源在人们的生活中起到了至关重要的作用，因此仅仅把环境设施作为城市必备的"硬件"来看待是远远不够的，在未来的设计中还应该更多注重"软件"的应用。

图2-7 智能化旅游引导牌

环境设施设计也是伴随着时代变革而不断地发展，逐渐地向智能化迈进。计算机技术及网络技术的发展带动了智能系统的兴起。如图2-7所示，旅游导引地图牌这个单一不变的功能识别，已被可以触摸选择的电脑智能化的资讯库所替代。

2.2.3 人性化

在当今社会，无论是何种类型的设计都是为人而服务的。毫无例外，环境设施也是以人为核心而进行设计的，环境设施人性化的设计主要体现在以下三个方面：

①满足人们的需求和使用的安全；

②功能明确与使用便利；

③符合自然、生态和可持续发展的理念。

2.2.4　标准化与模块化

标准化与模块化的设计理念是现代工业设计的重要体现，而环境设施设计作为工业设计范畴中的子因素，也应将这一理念贯穿整个环境设施设计之中。现代化环境设施的标准化与模块化设计主要体现在以下几个方面。

（1）降低成本

由于环境设施设计的种类多、需求量大，所以工业化生产构件的互换化、多元组合拆卸、装配为批量生产提供了捷径，大大地降低了环境设施设计的成本，同时减少了包装和运输费用。

（2）生态环保

在工厂生产出高精度的标准化配件、现场组合安装、提高了生产效率的同时，又便于维修和拆卸，这样既方便了行人与车辆，又免除了现场施工的噪声与尘土，缩短了施工周期，有利于环境的保护。

（3）时代性

环境设施是城市文化的载体，体现了城市文明，也体现了一个国家和地区的现代化的发展水平，现代技术的高精度的构件组合、新材料的运用，很好地体现出时代精神，如图2-8所示。

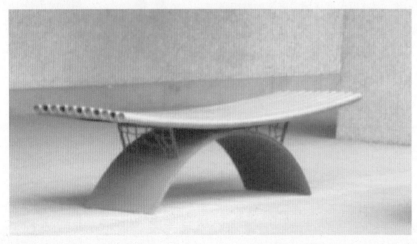

图2-8　具有时代感的室外家具

图 2-9　香港某街头的地下通风孔

2.2.5　艺术化与景观化

随着人们精神需求的不断提高，在现代环境设施设计中需要更多地考虑到物质功能和精神功能这两个层面的内容，所以必须为城市公共空间制定一个较高的目标，在保留其功能的同时不断提高环境本身的艺术含量，打造出更理想的城市环境。现代环境设施设计不是孤立单一的产品设计，而是融入到环境的整体设计之中。由此，可以看到，城市环境设施走向艺术与景观化是必然的趋势。如图2-9所示，香港某街头的地下通风孔在满足通风功能同时，也具有较强的艺术性，很好地美化了街道景观环境。

3　城市公共环境设施的设计要素

图 3-1　木质的休息设施，自然纯朴

3.1　材料与工艺

科学技术是第一生产力。伴随着材料技术的发展，促进了许多新材料的问世，为设计提供了更为广阔的材料选择空间。材料的不同，必然带来设计的差异，不同的材料有不同的肌理和质感，设计者必须掌握各种材料的性质与特征，在具体环境设施设计时，要根据不同材料的特性进行整体的考虑。

3.1.1　材料的分类

材料是环境设施设计中必要的表现媒介，当今，先进材料的生产和开发保障了各种材料能够适应环境设施设计不同的需求。环境设施的材料种类，功能、性质各异，在视觉、触觉上的感受和审美情趣也有所区别。下面就几种常用材料的类型进行归纳。

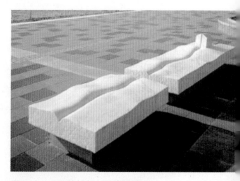

图 3-2　石质材料的环境设施

（1）木材与石材

木材是较为广泛使用的材料，具有易拆除、易拼装等特点。木材有较强的自然气息，容易和城市环境相协调。此外，木材的导热系数小，触感温暖，因此，许多用木材做成的城市环境设施，纹理别致、自然纯朴，给人以亲切舒适的感觉，如图3-1所示。

石材不易腐蚀，一般具有厚重，冷静的特征，通常可以起到哄托和陪衬其他材质的作用。石材的纹理具有自然美感，可以切割成各种形状，产生丰富多样的拼贴效果。石材取材于自然，因而具有生态性，质地坚硬的石材还具有维护保养方便的特点，如图3-2所示。

（2）金属

金属有较强的可塑性和表现力，用金属铸造而成的城市环境设施给人以流畅、优雅、现代的美感。由于科技的发展，一些新的合金材料，既解决了防锈的问题，又轻便耐用，便于大规模和标准化生产和安装，如图3-3所示。

（3）塑料与玻璃

塑料具有轻巧、色泽艳丽、不易碎裂、加工方便、可塑性强等特点。玻璃具有透明、反射性强与视觉通透的特点。在具体的设计中，利用它们的这些特性进行设计，可以增加环境设施的艺术表现效果，如图3-4所示。玻璃还有通透、锐利、清洁方便及易塑造等特点，能够营造出轻盈、明快的视觉效果，如图3-5所示。

图 3-3　白锈钢材料的无障碍扶手

图 3-4　塑料材质具有时尚感

图 3-5　玻璃材质的凉亭

3.1.2　材料的质感

　　材料的质感是通过材料表面特征给人以视觉和触觉的感受，包括因此而引发的心理联想和象征意义。材质在物理性质方面给人以软与硬、轻与重、冷与暖、透明与不透明等物质印象，材料作为设计的表现介质，以其自身的固有特性和情感成为设计构思中的要素。不同的材料因其肌理、质感差异而给人以不同的感觉，其所表达的情感内涵也有不同。材料质感不仅能传达给人们不同的信息，还能引发人的联想，丰富环境设施的内涵。良好的质感设计应该既能够满足环境设施的功能需要，又能够满足人的心理需求。因此，设计者应当熟悉不同材料的性能特征，对材料质感进行深入的分析和研究，并结合到设计当中去。

　　（1）材料质感的影响因素

　　质感是使用者的视觉与触觉等感官知觉系统对材质表面特质的一种心理反应，而这种感觉主要是通过触觉机能和视觉机能。视觉是人们对材料质感的一种心理反应，触觉对应的是材质物理属性，一般指的是材质的硬度，粗糙度与温度，这些都是影响触觉质感的要素，如图3-6～图3-8所示。

图 3-6 材质的硬度

图 3-7 材质的粗糙度

图 3-8 材质的温度

（2）材料质感与形式

材料质感与环境设施形式密切相关，材料以其自身固有的特性和质感特征传达给人们不同的信息和判断，直接影响到设计的成败。

质感是依附于物体的形式，因此，质感与形式之间是一种相互依存的关系，环境设施是通过形、色、质三方面的相互交融来体现特性的。

（3）材料质感的识别性

材料质感是通过视觉和触觉，感知和联想来认知，并随着对环境设施知觉程度的提高形成对设施的主观态度，产生对物体的"共识"。当环境设施符合人的使用需求和心理体验时会产生满意、欢乐等积极因素，否则就会产生相反的效果。

如图3-9所示，某街头公共艺术品其外形简洁流畅，其高纯度的材料体现了抽象、活泼的色彩张力，折射出高科技的质感与时尚，这样的设计使得整个小品在空间环境中具有很强的识别性。

图 3-9 材质具有较强识别性

图 3-10 材质的对比性

3.1.3 材料的装饰性

（1）协调性

材料的协调性具有一定的规律，人的审美通常是有习惯性的，材料因其被长期使用，在心理上能得到认可，所以在具体设计中，要求材料特性和人的视觉审美习惯相协调，其次，环境设施的材料要与周围环境相协调，要使材料性质与环境属性相一致。

（2）对比性

材质的对比性，是要合理运用各种材料之间的质感、色彩、肌理等对比关系，使其搭配得当、对比明确，形成和谐统一的效果。

如图3-10所示，杭州西溪湿地公园中的景观灯，在材质上分别采用藤条和金属，这样材质的搭配形成明显的对比。使得灯具既有鲜明的个性，又与周围生态环境形成了良好统一。

（3）合理性

在材料表现方面，深入研究所在城市的地域文化的构成和特征，分析寻找与地域文化相适应的材料表现手法，确认其合理性，将其中最具活力的部分与现实生活及未来的发展相结合，将新材料、新技术以及新的设计理念注入环境设施系统之中，创造出具有特色性和认同感的现代环境设施设计。

如图3-11所示，苏州博物馆门前街道上使用的路灯，古朴稳重的色彩、造型和现代手法相结合，不仅与苏州博物馆的建筑风格协调一致，而且表现出了江南水乡的独特文化韵味。

图 3-11　材质的合理性

3.1.4　加工工艺

环境设施的设计与加工工艺是分不开的。为了达到设计目的，满足设计过程中的加工要求，就需要改变环境设施的材料形状、尺寸、表面状态和物理化学性质，因此加工工艺是制造环境设施的重要技术手段。在进行环境设施设计时，必须考虑生产工艺能力和工艺技术是否成熟，这直接关系到环境设施的品质。

环境设施的艺术形式要通过合理的现代工业技术来实现，同时先进的生产工艺又是环境设施具有时代感的重要标志。不同的工艺技术可产生不同的工艺美感，不同的工艺美感影响着环境设施的形象和特征。因此，采用不同的工艺技术，所获得的形式美感也不一样。例如，机械车削件有精细、严密、旋转的纹理特点；焊接型材有棱角分明、硬朗之感；电镀面具有金属光泽质地；铸塑工艺有圆润、饱满的特点；金属氧化、磷化处理可以使材料在保持金属感的同时具有丰富色彩；喷砂处理的铝材有均匀的坑痕，表面呈现亚光细腻的肌理；板材成型有棱、有圆，具有曲直匀称、丰厚的特点等，如图3-12所示。

图 3-12　不同施工工艺的效果

车削件　　　　　　电镀表面　　　　　　铸塑工艺　　　　　　喷砂处理

根据环境设施选用材料的不同，所采用的工艺也不尽相同。在设计加工时，常使用不易变形的金属材料，如普通碳素钢、不锈钢、铝合金等。由于其强度和伸长率高，压延性和可焊性好，可采用金属切削加工、冶冲压加工、热模锻和精压铸等多种加工工艺。如棱柱形、椭圆形和曲形母线回转体等，可运用焊接、铆接、螺纹连接、插接等多种接合方法而实现折叠、拆装、可擦等结构形式。

3.2 环境设施色彩因素

（1）色彩的形式感

色彩是环境设施造型中最动人的感官要素。颜色可以创造及改变格调，对于环境设施来说，色彩可以增强表现力，并对整体环境起烘托与渲染作用。色彩的功能包括辨认性、象征性和装饰性。不同环境下人们对色彩的感受和需求也是不同的，色彩能引起人们的感情或情绪上的变化。有资料表明：人类的色彩行为90%受感情和心理影响，由于色彩的固有表情不同而给人以不同的联想和感受以致影响行为，这主要受色相的影响。如图3-13所示，高纯度色彩的环境设施具有很强的装饰性，对人的心理和视觉都有较强的影响。

图3-13 色彩的象征性和装饰性

环境设施的色彩组织与应用应建立在熟练掌握色彩的各种原理与规律的基础上。在诸多造型因素中，色彩是一个直接而快速被人感知的因素，从人的视觉感知物体的过程看，色彩和形态具有同等重要的作用，而色彩往往比形态更容易被人所感知。当人们距离物体比较远时，形态还不清楚，而色彩却已经被感知了。色彩具有辨认性和装饰性特点，运用这些特征可以增强环境设施的表现力。

如图3-14所示，建筑墙面上悬挂的"问号"，由于纯度较高的红色的运用，使其具有较强的视觉冲击力，能被人迅速感知。

总之，色彩是重要的造型因素，在环境设施设计中，色彩运用的是否恰当直接会影响环境设施的品质。

图 3-14　色彩的感知性

（2）色彩的性质

人对色彩的感觉也因地区、民族、人的个性以及时代的不同而有所差异，并显示其不同的象征性。色彩的冷暖感是由人们的联想产生的，例如：红色、黄色使人联想到太阳；蓝色、绿色联想到海水。人们对暗色、高彩度的暖色会感觉重；对明色、低彩度的冷色会感觉轻。当运用高明度的暖色系会有凸出、扩大、前进的感觉；反之，会有后退、缩小、远离的感觉。康定斯基说："黄色给人光芒四射之感；蓝色引起向心性运动，有远离感；明度高有前进感、明度低有后退感"，如图3-15所示。

因此，环境设施的色彩设计，不能脱离客观现实，要根据地域和环境的特殊要求，研究色彩的适应性，要充分尊重不同人群对色彩的心理感应，避其所忌，这样才能设计出高品质的环境设施。

3.3　城市环境设施的环境特征

从产品角度来看环境设施具有鲜明的单体物品特性。然而，环境设施最终是以物品形式放置在城市公共空间中，并与空间中其他构成

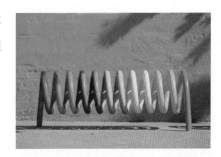

图 3-15　色彩的色性

图 3-16　柏林犹太博物馆的雕塑小品

元素融合在一起，相互影响和作用，形成城市公共空间的整体形象和氛围。它的环境要素主要包括公共性、人文性、场所性、空间性、景观性等。

3.3.1　公共性

环境设施所处的城市公共空间具有开放性和公众性。从社会意义上看，公共性是指一种社会领域，即所谓公共领域，公共领域是相对于私密性领域而存在的。环境设施设置于开放性的公共空间中，其根本目的在于体现社会的公共精神及利益，它的服务方式是面向社会公众。只有加强环境设施设计的公共意识，注重"以人为本"的设计理念，才能使其成为社会共同拥有的资源，并与大众共生共存。

3.3.2　人文性

人文性就是以人为本，尊重人性，充分肯定人的行为及精神，尊重和维护人的基本价值。作为城市公共资源的环境设施，更应体现出一种人文价值和精神内涵，良好的环境设施不但要具有实用功能，还要具有较高的审美价值和文化价值，例如柏林犹太博物馆的雕塑小品，充分体现了悲惨、凝重的空间氛围，如图3-16所示。

图 3-17　座椅形成轻松活泼的景观空间

3.3.3　场所性

　　场所是指发生事件的空间，而"空间"只是功能的载体和行为媒介，如果人们活动其中，与时间相联系，则构成了行为的场所。同样当环境设施设置于不同空间场所时，如果它是单独存在，则是物理性的，然而当它与人发生联系时、并对人的行为、活动产生影响时，这时环境设施的场所性就会显示出其明显的场所效应。

　　如图 3-17 所示，造型新颖的室外家具巧妙地和景观空间结合在一起给人以轻松、活泼、随意、亲切的感觉。

　　形成空间场所必须具备以下条件：

　　① 有适合某种活动内容的空间形式；

　　② 有相应的活动容量；

　　③ 有完成相应活动内容的时间保证；

　　④ 有人流集中和疏散的交通条件。

3.3.4　空间性

　　人的各种行为活动要求有相应的领域，空间是根据人的感知确定的一种相互关系，从具象来看是指由地平面、垂直面以及顶平面单独或共同组合成的具有实质性的领域，或者是心理暗示性的空间领域，如图 3-18 所示。

　　环境设施作为城市公共空间构成要素的因子，一方面与整个城市、区域构成空间、比例、尺度的关系；另一方面它本身也是一个实体，也具有相对独立的空间构成形式。

图 3-18　环境设施形成的空间领域

图 3-19　环境设施形成的视觉效果

3.3.5　景观性

　　景观是三维空间、时间与人的感受等综合组成的环境效应。环境设施作为城市景观的构成要素，一方面在城市景观体系中起到突出性的作用；另一方面，在人的视觉感知上具有观赏体验的价值，如图3-19所示。

3.4　城市环境设施的行为要素

　　行为是人们日常生活所表现的一切动作，德国心理学家科特·勒温将行为定义为个体与环境相互作用的结果。人类行为构成的基本元素有：需求、容量、组群、性质、规模、感受及人的行为空间格局等。人的行为特征受多种因素的影响，如文化、社会制度、地域等，因而呈现出复杂多样的特性。随着城市居民物质生活水平、观念意识的提高，城市居民的行为也呈现出多样化，这就需要运用行为心理学方面的相关知识，针对不同的人群、空间场所，设计出满足不同功能需求的城市环境设施。

从"环境行为"学科的观点来看，城市环境设施的设计，如只考虑尺寸、比例、形式等方面的内容，是不能满足使用者需要的。要想更好地发挥环境设施的作用，就必须对居民的心理和行为规律加以分析与研究。本节以环境设施与居民的行为心理的联系为切入点，探讨城市环境设施对居民的行为和心理的影响和作用，为设计出合理、完善、系统的城市环境设施提供理论依据。

3.4.1　人的行为性

人的行为性不是一件事物而是一个过程，它既是外在行为活动，也是内在的心理活动。行为表现的社会结构意识，是一种能动性活动，并且行为在许多方面是与物质环境特性有机联系的。有研究表明，不同年龄、文化背景的人对于公共空间环境特色的需求有所不同。由于这种不同的需求导致一系列复杂的心理与行为特征，因此城市环境设施每一个环节的设计必须要注重人的行为与心理规律的研究，才能够满足不同人群的需求。

首先，人的行为是受思想支配的一种外在的表现活动，支配行为的思想来自人的各种不同的需要。例如，人需要娱乐活动时，就需在休闲空间里提供各种娱乐休闲设施；在城市里人需要指引方向，就要设置不同类型的信息指示系统。城市公共空间与环境的创造，最本质的出发点是人的行为，人的需要。

其次，人的行为是在某种刺激作用下而产生需求欲望，这种欲望引起心理不平衡从而产生的目标追求。这是环境作用于个体、行为作用于目标的过程。环境的刺激会引起人的心理反应，而这种反应会以外在行为表现出来，因此称这种行为表现为环境行为。人类行为具有以下特点：主动性、目的性、因果性、持久性、可塑性等。

（1）人的活动类型

① 有直接目标的功能性活动：如学习、工作、饮食、文体活动等内容。

② 有间接目标的准功能性活动：属于半功能性的，依附于某种功能目标而存在，如购物、参观、看展览等活动内容。这种活动也属于必要性活动，但带有一种可选择性和可变性。

③ 自主性和自发性活动：没有固定的目标、路线、次序和时间的限制，而由主体随当时的客观条件的变化而即兴发挥，随机产生的行

为，如散步、游园，休闲等活动。

④ 社会性活动：即指行为主体不是单凭自己一直支配行为，而是借助于他人参与下所发生的互动活动，如儿童游戏、打招呼、交谈及其他社交活动。

（2）行为的规律

① 网络化：人是按社会的交往网络分布的。例如，以家庭为原点，与工作、饮食、购物、娱乐、交往场所之间编织成社会活动的网络。

② 循环性：周而复始、往复循环。例如，人们早出晚归，日复一日地重复其生活轨迹。

③ 群居性：人有群居的习惯，个体的人习惯向人群密集的地方集中，形成各种活动中心。

④ 类聚性：以共同兴趣而集合起来的人群。例如，自古以来，即按"物以类聚，人以群分"的原则来划分阶层与社会的。

⑤ 依靠性：人在环境中总是选择那些有利于开阔视野和自我防卫的地点，所以人们习惯在有依托物的附近汇聚。在墙、阶台、座椅、树旁、廊下设置休息设施，供人们休息集聚，如图3-20所示。

图 3-20 环境设施形成的视觉效果

⑥ 阵发性：人随着活动内容的开始而集聚、随其结束而离散，并受时间、季节、气候变化的影响，产生阵发性的变化。

⑦ 从众性：受他人的诱导、刺激，潜意识发生的某种行为。例如，众人相聚有渲染气氛的作用，相互激发很容易导致情感冲动。

干净整洁的城市公共空间，无形中提示和约束着人们不能乱扔弃物，从而保持着环境的整洁，优化了城市的环境。但是如果有人将垃圾随手掷地，产生不良行为，并且在从众心理的诱导下，你扔我扔，他也扔，产生了所谓的连锁反应，从而导致环境恶化。所以，好的环境能诱导人们产生良好的行为，从而进一步维护环境；而脏乱的环境会妨碍人们实施正常的行为，并且容易对环境产生破坏或消极影响，如图3-21所示。

图 3-21　环境设施形成的视觉效果

因此，人们应当考虑在城市环境设施使用过程中居民的心理和行为，尽量减少产生对抗和矛盾的因素，做到环境设施与人的心理行为和谐一致，更好地发挥城市环境设施的作用。

（3）行为姿态和尺度

人在生活中的行为是多样的，不同的行为产生不同的姿态，人体活动所依据的空间尺度是确定环境设施的主要依据。所以在环境设施设计时应考虑不同人群的生理条件和姿态特征，采取适应大多数人群的尺寸标准，并留有一定的空间余地。

3.4.2　环境设施的行为需求

人们在城市公共空间中活动，必然与其周围的设施发生联系，城市环境中的设施与居民的行为心理有着密切的关系。研究城市公共环境中人的行为心理时，就必须考虑人的行为对环境设施的最基本需求，环境设施满足了人们不同的需求，社会给人们的生活和环境带来了满足，如表3-1所示。

① 满足安全性的需求：例如，道路交通隔离带、危险地带安全设施等。

② 满足便捷性的需求：便利性是环境设施主要功能之一。

③ 满足舒适性的需求：环境设施是环境空间中与人最密切的接触物，而且是使用频率最高的设施。因此，环境设施舒适性不仅要考虑人的生理使用的舒适性，而且还要考虑心理和感官的舒适。

④ 满足观赏性的需求：对于大多数人来说，用眼睛摄取了绝大部

表 3-1 人对环境设施的行为需求

罗伯特·阿得利 Robert Ardrey	亚伯拉哈·马斯洛 Abraha Maslow	亚历山大·雷顿 Alexander Leighton	亨利·穆瑞 Henry Murray	佩格·皮特森 Peggy Peterson
安全 刺激 认同	自我实现 ↑ 尊重 爱与归属 安全保证 生理需要	（基本的抗争情绪） 性满足 敌视情绪的表达 爱的表达 获得他人的爱情 创造性的表达 获得社会的认可 表现为个人地位的社会定向 作为群体一员的保证和保持归属感 物质保证	依赖 尊敬 权势 表现 避免伤害 避免幼稚行为 教养 地位 拒绝 直觉性 援助 理解	避免伤害性 参加小团体 援助 教养 地位 安全 行为参照 独居（私密） 认同 自律 防卫 表现 威信 成就 拒绝 攻击 谦卑 尊敬 理解 玩耍 多样化 人的价值观念 自我实现 美感

分的外界信息，人们对一个城市的记忆往往也是以图像的形式加以保存的。因此追求环境质量的现代社会，设施的美观性越来越得到大家的重视。

⑤ 满足交往性的需求：城市公共空间是人们社交表现的平台，系统完备的环境设施能够促进人们的良好交往与互动。

3.4.3 环境与行为模式

众所周知，人在环境中的行为是具有一定特性和规律的，将这些特性和规律进行总结和概括，使其模式化，便是人的行为模式。人的行为模式化的依据是环境行为的基本模式，心理学家库尔特·列文（K.Lewin)提出，人的行为是人的需要和环境两个变量的函数，即著名的人类行为公式，即

$$B—f(P \cdot E)$$

式中　B —— 行为(Behavior)；

　　　f —— 函数(Function)；

　　　P —— 人(Person)；

　　　E —— 环境(Enviroment)。

此公式表明：首先，人行为的目的是为实现一定的目标，满足一定的需求，行为是人自身动机或需要作出的反应；其次，行为受客观环境的影响，是对外在环境刺激作出的反应，客观环境可能支持行为，也可能阻碍行为。此外，人的需要得到满足以后，便构成了新的环境，又将对人产生新的刺激作用，环境、行为和需要的共同作用将进一步推动环境的改变。人的行为模式可分为秩序模式、分布模式、流动模式和状态模式。

（1）秩序模式

人在空间中的每一项活动都有一系列的过程，静止只是相对和暂时的，这种活动都有一定规律性，即秩序模式。

（2）分布模式

分布模式就是按时间顺序连续观察人在环境中的行为，并划出一个时间断面，将人们所在的二维空间位置坐标进行模式化。这种模式主要用来研究人在某一时空中的行为密集度，进而科学地确定空间尺度。分布模式具有群体性，也就是说人在某空间环境的分布状况，不是由单一的个体，而是由群体形成的，因此对分布模式的观察、研究必须考虑到人际关系这一因素。

在环境设施设计中，个体的行为要求是重要的考虑因素，但人际间的行为要求也是不容忽视的，这就需要充分了解人的分布模式，以此作为确定环境设施的布局方式和数量等的重要参考依据。

如表3-2所示，是人们在几种不同行为场所内的分布图形，从图形可以分析出，人群在有秩序场所中，人际关系的距离受场所环境的严格限制，人的行为是有规则的，心理状态是较紧张的。

表 3-2　特定环境中人群分布与行为特征的关系

聚类分布		小型聚会、儿童游玩、接送旅客
随机分布		散步、郊游、休闲
均匀分布		开会、上课、欢迎仪式
规则分布		排队、电影散场、动物园参观

表3-3　美国学者约翰·杰·弗鲁茵在交通环境中，以单位宽度、单位时间内能够通过的人数为指标，是表示人流性能的有效指标。

服务标准	步行者空间模数（m²／人）	流动系数（人／分钟）	状态
A	3.5以上	20以下	可以自由选择步行速度，如在公共建筑、广场中
B	2.5~3.5	20~30	正常的步行速度行走，可以同方向超越，如在偶尔出现交通高峰期时
C	1.5~2.5	30~45	步行速度和穿越的自由度受到限制，在交叉流动或逆向流动时容易发生冲突，如在交通高峰期时
D	1.0~1.5	40~60	步行速度受限制，需要修正步距和方向，如在最混杂的公共空间
E	0.5~1.0	60~80	不能按自己通常速度走路，由于交通空间容量的限制，出现了停滞的人流，如短时间内有大量人群离开的空间中
F	0.5以下	80以上	处于蹑足前进交通瘫痪状态，步行路设计的不适用

（3）流动模式

流动模式就是将人流动行为的空间轨迹模式化，这种轨迹不仅表示出人在空间中的移动，而且反映了行为过程中的时间变化。人的流动具有一定的规律性和倾向性，某时某地的人们流动量和流动模式受到社会一些行为规范（例如上、下班时间，过红绿灯等）的影响，如表3-3所示。

（4）状态模式

人的行为状态模式，主要是以主观形式存在，由人的生理、心理和客观环境作用而产生的行为表现。

3.4.4　人的行为与环境设施的关系

人的行为与环境设施有相互能动的关系，人与环境设施之间的关系是人的行为决定环境设施功能，设施反过来也影响人的行为。"行为"是人与环境设施之间的"媒介"，掌握和理解人的行为规律和特征是城市环境设施设计的重要因素。

人的"行为"是包括动机、感觉、知觉、认知和在此基础上做出反应等一系列心理活动的外显行为，即人们通过自己的器官和身体来感觉客观世界。他们各司其职：眼（视觉）、耳（听觉）、鼻（嗅觉）、嘴（味觉）、身体（触觉）。环境设施在公共空间中，主要通过视觉、听觉、触觉被人感受。

图 3-22　设计简单的垃圾桶　　　　　　　　图 3-23　设计精美的垃圾桶

（1）视觉与城市环境设施

在人们认知世界的过程中，大约有80%以上的信息是通过视觉系统获得的，人是主要依靠视觉体验环境设施，因为环境本身是一个视觉对象。因此，视觉系统是人与世界相联系的最主要的途径。人们通过眼睛感知距离的远近、明暗、形状与大小、色彩等，这些信息直接影响人们对环境设施的认识感受，以便头脑中做出相应的反馈信息。

如图3-22、图3-23所示，人人都觉得垃圾桶肮脏不堪，难以入眼，但是如果将造型独特、颜色亮丽的垃圾桶融入周围环境中进行整体设计，便显得非常美观典雅。

（2）听觉与城市环境设施

与视觉比起来，听觉接收的信息要少得多，除了盲人用声音作为定位手段外，大多数人依靠听觉进行相互交往、相互联系等。"耳朵的听力还有一定的听觉范围，叫做听觉阈。太远的声音，太弱的声音超出了听觉阈，耳朵都听不到。老年人耳聋的较多，听力更差一些"。凡是与声音有关的环境设施，都应该考虑上述问题，在环境设施人性化设计上尽量多设置一些抗噪声干扰设备，以解决由噪声引起的社会问题。

如图3-24所示，日本某街头经过精心设计的隔音墙，该隔音墙不仅外观漂亮，而且具有良好的隔音效果，极大地降低车辆噪声给周边居民带来的干扰。

（3）触觉与城市环境设施

触觉是皮肤受到机械刺激而引起的感觉，人们体验环境的重要手段之一就是通过接触从而达到感知物体的肌理和质感的目的。例如

图 3-24　精心设计的隔音墙

"触觉的特性对于盲人来说更为重要，除了盲文等研究外，环境设施的无障碍设计就是利用触觉的空间知觉特性。例如，人们在人行道路上，建筑物的入口处，以及平台的起止处，道路转弯处等地方，均设置了为盲人服务无障碍设施"，在环境设施的人性化设计中，人们对于物体舒适度的认知很大部分是由触觉来完成的，因此在设计环境设施时，尽量多考虑材料的不同选择给人的不同感觉，设施拐角处和细部处理都要尽量满足触觉舒适的要求，如表3-4所示。

表 3-4　方便残疾人使用和通行的城市道路设施的设计内容应符合表的规定

道路设施类别		执行本规范的设计内容	基本要求
非机动车车行道		通行纵坡、宽度	满足手摇三轮车通行
人行道		通行纵坡、宽度、缘石坡道、立缘石触感块材限制悬挂物、突出物	满足手摇三轮车者、轮椅者、拄拐杖者通行；方便视力残疾者通行
人行天桥和行人地道	坡道式	纵剖面；扶手；地面防滑；触感块材	方便拄拐杖者、视力残疾者通行
	梯道式		
公园、广场、游览地		在规划的活动范围内解决方便使用通行	同非机动车道和人行道
主要商业街及人流极为频繁的道路交叉口		音响交通信号装置	方便视力残疾者通行

3.5　城市环境设施与人机工程学

3.5.1　人机工程学的定义

人机工程学是研究"人、机、环境"三个要素之间的关系，使其符合于人体的生理、心理及解剖学特性，从而改善工作与休闲环境，提高人的使用效能和舒适性。在三个要素中，"人"是使用者，人的心理和生理特征以及人适应机器和环境的能力，都是人机工程学重要的研究课题。怎样才能设计出满足人的要求、符合人的特点的环境设施，是人机工程学探讨的重要问题。

3.5.2　人机工程学研究内容

人机工程学是一门研究人、机械及环境之间相互作用的学科，以

"人、机、环境系统"为研究对象，内容涉及行为心理学、医学、人体测量学、生理学、美学和工程技术等多个领域，主要是探寻人、机、环境契合的规律。人体工程学是设计高品质环境设施的可靠科学依据。

为了使环境设施设计符合人的生理特点，让人在使用时处于舒适的状态和环境，就必须在设计中充分考虑人体的各种尺度、比例和结构。环境设施应依据人机工程学的要求和内容进行合理设计。人机工程学研究内容主要包含以下几方面。

（1）人体构造

与人机工程学关系最紧密的是运动系统中的骨骼、关节和肌肉，这三部分在神经系统支配下，使人体各部分完成一系列的运动。骨骼由颅骨、躯干骨、四肢骨三部分组成，脊柱可完成多种运动，是人体的支柱，关节起到骨骼间连接的作用，肌肉中的骨骼肌受神经系统指挥收缩或舒张，使人体各部分协调动作。在进行环境设施的设计与布置时，需考虑与人体活动姿势相关的骨骼系统、肌肉系统等因素，设计出适合人体生理结构特性的环境设施，如图3-25所示。

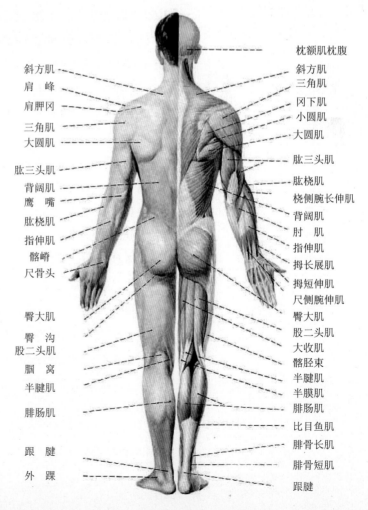

图 3-25　人体结构示意图

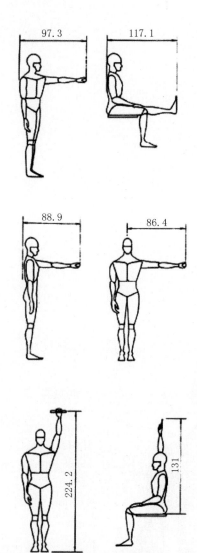

图 3-26　有功能的人体尺寸

（2）人体尺度

"人体尺度"是人类在长期生活中积累形成的一种适度的标准和视觉印象。尺度，既是设计的手段，也是设计的原则。特别是在城市的公共空间中，都应该注意体现"宜人性"。作为景观环境空间中的重要组成部分的环境设施，也必须考虑"人体尺度"，满足"宜人性设计"的要求，如图3-26所示。

（3）人体动作域

人们在城市公共空间活动范围的大小，即动作域，它是确定空间尺度的重要依据因素之一。以各种测量方法测定的人体动作域，也是人机工程学研究的基础数据。如果说人体尺度是静态的、相对固定的数据，那么人机动作域的尺度则为动态的，其动态尺度与活动情景状态有关。

（4）人体数据

对于环境设施而言，人体数据是环境设施设计的基本资料之一，它包括人体构造尺寸和人体功能尺寸两类。所谓人体构造尺寸是指静态的人体尺寸，是人体处于固定的标准状态下测量的，主要为人体各种装具设备（如家具）提供数据；而人体功能尺寸是指动态的人体尺寸，是人在进行某种功能活动时肢体所能达到的空间范围。环境设施的尺寸设计除了要满足基本的人体构造尺寸外，还要满足人们在各类活动中所需要的人体功能尺寸，这样的设施尺寸才是最接近于人体尺度。

人体尺寸数据参考　单位(kg、cm)

① 体重：（男：68.9；女：56.7）

② 身高：（男：173.5；女：159.8）

③ 坐直臀至头顶的高度：（男：90.7；女：84.8）

④ 两肘间的宽度：（男：41.9；女：38.4）

⑤ 肘下支撑物的高度：（男：24.1；女：23.4）

⑥ 坐姿大腿的高度：（男：14.5；女：13.7）

⑦ 坐姿膝盖至地面的高度：（男：54.4；女：49.8）

⑧ 坐姿臀部至腿弯的长度：（男：49.0；女：48.0）

⑨ 坐姿臀宽：（男：35.6；女：36.3）

图 3-27　人体动态功能尺寸

如图3-27、图3-28所示，某公共电话亭的设计，其尺度除了以人体标准尺寸为依据而定，还要考虑到在使用过程中可能出现的手臂向上或向周围伸展的情况，由于考虑到人体动态功能尺寸，所以电话亭的高度应该更高一些，且外观造型做成半开放式，更有利于人们进行各种伸展动作、变换站的姿势、缓解站着打电话的疲劳，更具宜人性。

3.5.3　人体工程学在环境设施设计中的作用

（1）确定设施的最优尺寸

人体工程学的重要内容是人体测量，包括人体各部分的基本尺寸、人体肢体活动尺寸等，上述部分是环境设施精确设计的基本依据。人体工程学可以帮助人们科学地确定环境设施的最优尺寸，更好地满足设施使用时的舒适、方便、健康、安全等要求。

（2）为设计设施提供依据

设计设施要根据环境空间的大小、形状以及人的数量和活动性质确定设施的数量和尺寸。设计师要运用人体工程学的知识，综合考虑人、环境设施及室外环境的关系，并进行整体系统的设计，这样才能充分发挥设施的使用效果。

图 3-28　人体动态功能尺寸

4 环境设施的产品化设计

环境设施实质上是一种人工造物的创造行为，是人们在城市公共空间创造一种更为合理密切的使用方式，环境设施设计具有产品设计的属性，它和产品之间既有许多相同的地方，又有区别之处，主要表现就是人们尽可能多地利用这些设施，享受这些设施带来的乐趣。

4.1 公共设施的产品要素

（1）形态性

形态一般指物体在一定条件下的表现形式。环境设施的形态性是由设施外形与内在结构显示出来的综合特性。在设计用语中形态与造型往往混用，因为造型也属于表现形式，但两者是不同的概念。造型是外在的表现形式，反映在环境设施上就是外观的表现形式。形态既是外在的表现，同时也是内在结构的表现形式。

（2）功能性

功能性是指设施产品所具有的效能，并被接受的能力，存在于设施自身。每一种设施都必须以独特的功能直接向人们提供使用便捷，防护安全等服务。环境设施只有具备各种特定的功能才能进行生产和使用，因此设施产品实质上就是功能的载体，实现功能是设计的最终目的，功能决定着设施产品以及其整个系统的意义。设施产品主要通过功能分析和功能设计两方面来具体实现功能目标的设计。

（3）结构性

结构是指各个组成部分的搭配和排列，是环境设施实现功能性的主要途径。结构既是功能基础，又是形式的承担者，因此环境设施的结构将受到材料、工艺、工程、环境等诸多方面的制约。

（4）尺度性

尺度是准绳，是衡量长度的依据，尺度可帮助人们去度量空间与设施的关系。同时尺度关系也体现了环境设施功能、形态与空间环境的关系。

（5）位置性

位置是所在或所占的地方。首先，从环境设施的产品要素来讲，主要指环境设施物品上各种功能的位置关系。如垃圾箱投入口要放在适合人们投掷的位置，清理垃圾口要设置在方便环保人员取出垃圾的位置。此外，从环境设施在环境中的位置性来讲，位置就是形式与它所在环境或范围直接关联的地方。

（6）体量性

体量是物品所占的空间，环境设施由于功能的不同、设置场所的不同，它的体量要求也不一样。对于环境设施而言，体量性一方面表现在设施的外形大小所占的空间体量；另一方面也表现于设施内部所形成的体量关系。外形体量与环境发生互为作用，内部体积和构造与使用相互关联。

4.2 环境设施的标准化设计

4.2.1 行业标准化意识

从目前中国现状来看，环境设施从设计到生产都分别从属于不同的行业，例如，规划设计、艺术设计、景观设计、工业设计及生产企业等不同的行业和部门，而且这些行业和部门之间缺乏有机的联系，又鉴于国家在环境设施设计没有明确统一的标准，这务必会给环境设施设计带来混乱的局面。此外，一方面大部分从业人员对于环境设施的标准化认识仍有局限性，设计往往由于客户的要求和个性化追求而忽略标准化，以及要素设计不规范甚至误用的情况比较突出；另一方面，目前社会趋势主要着眼于艺术性的表达，对标准化的关注度不高，导致在理论研究和实践上相对滞后，所以在环境设施设计上加强标准化的意识具有十分重要的意义。

4.2.2 标准化设计的内涵

标准化是在经济、技术、科学及管理等社会实践中，对重复性事物和概念通过制定、发布和实施标准，达到统一，以获得最佳秩序和社会效益。环境设施标准化设计出发点就在于标准化对象的系统特征和标准化追求，以整体优化为目标，同时具有功能性、结构性、可靠性、安全性等多方面的特性。标准化就是针对环境设施的不同层次、特征、类别所制定贯彻实施标准，它们互相影响和制约，形成一个整体的标准化效应。

标准化的目的是"获得最佳秩序和社会效益"，最佳秩序和社会效益可以体现多方面：首先可保证和提高产品质量，保护消费者和社会公共利益；其次，标准化是现代技术经济科学体系的一个重要组成部分，实行标准化能简化产品品种，加快产品设计和生产开发过程，保证产品质量；扩大产品零件、部件的通用性，降低产品成本；第三，促进科研成果和新技术、新工艺的推广，合理利用能源和资源便于进行国际技术交流等。

4.2.3 环境设施设计标准化体系的构建

环境设施设计标准化体系应包括结构标准化、工艺标准化、材料标准化、零配件标准化、工艺装备标准化等方面的内容。

（1）结构标准化

环境设施的结构是最重要的，它是功能的载体，没有结构就没有环境设施的存在，也就失去了环境设施设计的价值和意义。因此，实现结构的层次性、有序性、稳定性等特点，对环境设施产品的构成要素及其组织形式所制定的标准，称为结构标准化。

（2）工艺标准化

工艺标准化是指根据环境设施的特点和企业的技术和生产水平，对工艺流程、工艺要素和工艺说明实施标准化。

（3）材料标准化

材料标准化是以制定和贯彻材料标准为主要内容的有组织的活动过程。开展材料标准化工作有利于加工企业合理压缩材料的品种规格，并促进原材料的节约，有效利用资源和扩大生产批量，提高劳动生产率和保证产品质量。

（4）零配件标准化

零配件是环境设施重要的组成部分，零配件要具备通用性、互换性、功能性、装饰性等功能性。

在环境设施产品设计中实现以上几个方面的标准化，可有效地防止同类产品尺寸规格、结构形式的杂乱，最大限度地发挥设计优势，提高设计质量，同时可简化生产管理，充分合理地利用原材料资源，也便于用户配套使用设施产品。

4.3 环境设施模块化设计

模块化设计的理念和方法在机械制造、产品设计、家具设计等众多行业中得到应用,模块化在环境设施设计中的应用是模块化设计理念的一种"延伸"。它是从基本单元开始,组建构筑各种基础模块,具有快捷方便的特点。同时由于采用了相同单元组合,无需整体拆除,专业工人即可对环境设施进行方便快捷的增减、搬迁、改造等。将产品模块化设计的思想应用于城市环境设施的设计中,便于整体规划和提高使用效率,也是未来城市环境设施发展的趋势。

环境设施模块化设计是对一定范围内不同规格、不同功能的环境设施进行研究分析,并在此基础上进行模块划分,设计出一系列功能模块,每一个模块都具有相对独立功能。通过对不同模块的选择和组合,形成新的环境设施,这种模块化设施模型具有独特的功能、结构和层次性。

模块化环境设施,以基本模块为构成单元,可以将模块改型,通过重新设计、减少或增加新的模块,还可以改变模块的结构(形态、色彩)或附加装饰要素,形成新的城市环境设施品种。这样就可以大大加快环境设施产品的开发速度,增强环境设施产品对市场快速变化的应变能力。

如图4-1所示,儿童七巧板游戏,是将几块形状及大小不一的基本"积木块"进行不同的搭配、组合,然后可以构成不同的造型。这种不同的搭配、组合的模式就是最简单、最基本的模块化概念。

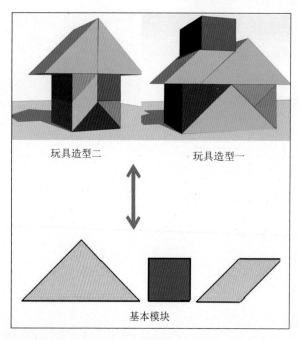

玩具造型二　　　　玩具造型一

基本模块

图4-1　玩具模块化示意图

4.3.1 环境设施模块化设计的特点

（1）互换性强，便于维修

模块化环境设施是由一些具有互换特性的标准化模块集合而成的，可直接更换模块，简化设施的维护和修理的速度，节约高效。

（2）质量高、成本低，能解决多品种以及不同批量之间的加工矛盾

在模块化产品中，模块是具有特定功能的标准化部件单元，因为各种模块可集中在专门工厂进行专业化批量加工，可使单件小批量生产变为相当批量的规模生产。同时，由于模块化产品的设计周期短，设计成本也大大降低。

（3）有利于缩短产品的设计、生产周期

不同用途的环境设施，是通过相应层次和功能的模块集合而成的，而非各个单一零件的组合装配，因此产品的更新周期短。

4.3.2 模块化设计方法与关键技术

模块化设计的原则是力求以少数模块组成尽可能多的产品，并在满足要求的基础上使环境设施性能稳定、结构简单、成本低廉。同时模块化设计还能将环境设施不同系列的产品系统化、模块化。此外，在优化设计、生产过程中能有效利用整合资源。

（1）模块化的市场调研与分析

环境设施模块化设计前期对市场的调查，主要以分析使用需求为主。环境设施的设计与生产必须针对一定的空间环境，确定设施的定位(符合环境属性，功能属性等)。同时调查市场对设施产品系统中各类型产品的需求量，分析模块化设计的可行性。环境设施的设计是以使用需求为基本依据的，在环境设施模块化设计开始之前，必须进行充分的准备和详细的规划，首先进行市场调查和分析，主要内容如下：

① 现有的环境设施产品的功能、性能、参数和造型；

② 环境设施产品采用新技术的可能性，开发过程中的技术关键；

③ 现有的环境设施产品模块的价格、返修率、使用寿命以及应改善的性能和结构等；

④ 对环境设施进行模块划分，这是环境设施模块化设计具体化的过程，是承上启下的重要环节。

（2）模块的划分与建立

模块化设计是力求以少数模块组成尽可能多的设施产品，并在满足要求的基础上使环境设施性能稳定、结构简单、成本低廉。因此，如何科学地划分模块是模块化设计很重要的一项工作。首先，既要使加工、管理方便，又要避免模块组合时产生混乱；其次，要考虑到该模块系列将来的扩展和变型时的辐射。因此，模块划分的合理性对模块化设施的性能、外观以及通用程度和成本均有很大影响。

对环境设施进行模块划分时，可以根据特定的需求从不同的角度进行考虑，从而得出不同的模块划分方案。主要是采用基于用户需求的模块划分方法，如表4-1所示。

表 4-1　基于使用者需求的模块划分方法

对使用者进行调查	→	调查用户使用感受，听取改进意见
搜集整理信息反馈	→	统计调查数据信息
分析使用者需求	→	功能综合评析
基于使用者的模块划分	→	功能的合理性

通常模块划分要满足以下原则：

① 要有利于模块的延续，避免重复性劳动；

② 具有一定的通用性，同时还要有可操作性、实践性；

③ 要全面系统综合考虑到环境设施使用周期的各个阶段。一般来说，并没有完全统一的模块划分的原则，研究对象不同，侧重点不同，划分的模块也不相同。在环境设施模块化设计中，必须结合实际情况，从系统化的角度出发，用系统分析、功能分析的方法进行模块划分。模块划分的模块结构应尽量简单、规范，模块间的联系也尽可能简化。

尽管模块划分的意图各有不同，但从环境设施加工、生产周期的角度来看，都是针对生产周期中一个或几个特定阶段的。因此，可以根据模块划分周期的具体阶段，把模块划分为：设计模块划分；制造模块划分；装配模块划分；使用和维修模块划分以及回收模块划分，如表4-2所示。

表 4-2　环境设施的模块划分周期示意图

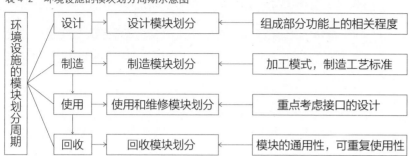

（3）模块的选择与组合

模块组合必须在充分调查分析的基础上以确定环境设施的尺寸参数作为依据，合理确定模块化设计所覆盖的环境设施种类和规格，形成新的环境设施产品。在模块的选择上，如果种类和规格过多，环境设施产品的应变能力就会增强，但同时设计难度和工作量也会增大；反之，覆盖的种类和规格过少，环境设施产品的适应力会受到很大程度的限制。因此，如何选择模块，选择多少模块是环境设施产品模块化设计的重要因素，其流程如表4-3所示。

在建立环境设施的模块化系统中，模块的选择和组合就是环境设施模块化设计流程，设计者首先需要根据使用需求进行设施的功能分析，然后从建立的模块系统中选择相应的模块，并组合成满足相应功能的环境设施产品。模块的选择与组合是模块化实施的最后也是最关键的一步，直接决定着环境设施的质量。

模块化环境设施不是整体式结构，而是由模块构成的组合式结构，其组合方式主要有以下几种。

① 直接组合式。按模块化系统提供的组合方式，直接进行模块间的组合。对于属于同模块化系统的产品系列中的模块，一股可采用直接组合方式。

② 改装组合式。一些特殊的模块，其接口结构与所要连接的模块不匹配。这时则需对该模块的接口结构进行调整使之匹配于所要连接模块的接口。

③ 间接组合式。采用间接组合式一般有两种情况：一是根据产品布局的要求，不宜于采用直接组合方式；二是采用不属于本模块系统的其他模块，不可能进行直接组合。间接组合式需要设计专用连接构件，按总体要求把各模块固定在相应的位置上。

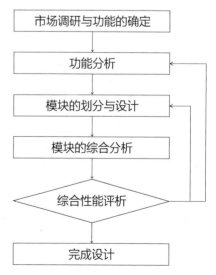

表 4-3　模块化设计流程

4.3.3 环境设施模块化设计的意义

模块化设计的理念，之所以能够在各个领域得到广泛应用，主要是由于它具有巨大的技术经济价值。城市环境设施模块化设计的技术经济意义。主要表现在以下几点。

（1）满足环境设施快速设计

运用已有环境设施模块优化组合成新的环境设施产品，可以简化设计、减少重复设计，降低成本、提高生产效率，实现设计与资源的共享。

（2）便于环境设施更新换代

由于现代城市环境的快速更新与变化，要求不断推出新的品种来满足市场多元化和个性化的需求。模块化设计可以加快新的环境设施产品的开发速度，又可增强环境设施产品对市场快速变化的应变能力。

（3）提高产品质量和可靠性

由于模块是相对独立的单元，有利于组织专业化生产和批量加工，模块质量的提高有利于提高产品质量。从可靠性出发，产品设计、制造、装配以及环境因素都可能会影响环境设施的品质，对传统设计方法而言，采用定型的模块，由于其可靠性已经得到全面验证，只需要验证新模块的可靠性。

（4）便于实现标准化、通用化

采用模块化设计可以有效地提高系列设施产品的标准化、通用化，因而能使模块化环境设施在设计与生产过程中获得最佳经济效应。

5 城市公共环境设施规划设计原则

5.1 系统性原则

城市以其特有的文化、社会和经济背景，为人们提供各种活动所需的物质条件。环境设施作为城市空间中重要的组成要素，同样也包含了规划、建筑、社会学、心理学、工业设计等多门学科内容，正因为城市环境是一个复杂且多层次的公共空间，才决定了环境设施的研究与设计并不仅仅取决于一门学科、一个专业，所以，城市环境设施的整体系统研究是现代城市发展的必然要求。环境设施作为城市环境中的子因素，它的规划与设计必然是以整体系统设计的思想作为指导原则。

城市环境设施本身也具有完整的系统性。无论是何种功能的设施，虽然各有特性，但彼此之间应相互作用，相互依赖，每一个单体都将归属于共性的框架之中。在规划设计中，不能孤立地看待，要充分考虑设施与其他构成要素之间的关系。城市环境设施必须服从于城市环境的整体规划设计，结合特定环境，在不同功能设施之间建立一种有序的关联，突出连续性，形成城市环境设施的系统性和特色性。

如图5-1所示，杭州西湖景区使用的公共电话设施，在材质上使用了具有江南地域特色的青砖和现代的材料相结合。这样的设计很好地体现了城市和景区的主题风格和特色。

图 5-1 环境设施的特色性

图 5-2 公共空间中的残疾人设施

5.2 以人为本原则

在城市环境塑造的过程中，任何观念的形成均需以人为本。人是城市环境空间的主体，环境设施都是为人服务的。因此城市环境设施的规划与设计要体现对人的关怀，以人为基本出发点，研究人的生理需求和心理感受，探索人的各种潜在愿望，解决人在城市环境中生活存在的各种问题。此外，以人为本不仅要考虑到正常人的需求，还要考虑到伤残人、老人和儿童等的特殊要求，体现对社会弱势群体的关爱。如图5-2所示，某小区外环境角落空间中的无障碍设计，为残疾人提供了方便。

环境设施是由使用者"人"来感受和衡量的，而非建筑、雕塑、土地等实体。"人"是评价环境设施合理性的重要标准，环境设施的存在，也是人与城市的纽带。其设计无论是从总体还是细部均应本着"以人为本"的设计原则。

5.3 功能性原则

功能性原则是环境设施设计的基本原则，它能让使用者在与环境设施进行全方位的接触中得到物质和精神的多重享受。环境设施的功能是根据公众在公共场所中进行活动的各种不同需求而产生的，因此，环境设施的设计必须充分体现其功能特性。要明确环境设施的功能，就必须对各种公共场所中人的活动形态进行调查，来确定环境设施类型的选项。在城市环境设施的使用功能界定上，要尽可能满足人机工程学的要求，体现其功能的科学性。

图 5-3　环境设施材质肌理的对比

5.4　形式美原则

形式美法则是人们在长期的生活实践中总结出来的,具有共性和普遍性的特点。形式美法则可以为城市环境设施形态的设计提供美学依据,使环境设施的形态更符合人们的审美标准。"形式美法则是创造视觉美感,指导一切创造性设计活动的原则,随着时代的发展,只有灵活运用形式美法则,才能创造出更新更美的环境设施"。形式美原则具体内容如下。

（1）对比与统一

在环境设施的形态设计中,对比与协调是辩证统一的。"对比"是把不同要素进行比较,是构成元素之间的差异。例如物质的形态、大小、色彩、明暗或物体的肌理感,等等。统一是各种构成元素之间的相似和一致,是为了获得整体的视觉效果。从而在视觉要素中寻求调和的因素,使得环境设施造型协调柔和。对比与统一是相辅相成的,二者缺一不可。在环境设施设计时,不仅需要整体的协调和统一,而且也应该有适度变化与对比,如图5-3所示。

（2）对称与均衡

对称具有一定的静态美,给人单纯、完整的视觉印象。一般情况下,对称的事物使人感到稳重和舒适,但是如果使用不当就容易造成人心理上呆板、单调的感觉。均衡并不是客观意义上的平衡,而是从大小、方向以及材质等方面获得的视觉平衡。均衡与对称相比更加活泼和自由,如图5-4、图5-5所示。

图 5-4　对称的静态美　　　　　　　　　　　　　　　　　　图 5-5　均衡的自由活泼

（3）节奏与韵律

节奏是指有秩序、有规律的连续变化和运动，形态美学上的节奏是指一种条理性、重复性、连续性的艺术形式的表现。环境设施形态的节奏性越强，越具有条理美、秩序美。

韵律是构成形态的元素连续有节奏的反复所产生的强弱起伏、抑扬顿挫的变化。如果说，节奏有较多理性美的话，那么韵律则着重赋予感情上的色彩。在环境设施设计中，通常采用连续、渐变、起伏、交错等表现手法来加强形体的节奏感与韵律感。

如图 5-6 所示，街道中的休息设施优美曲线形成的座面，具有较强的韵律感。

如图 5-7 所示，香港某高架桥下的公共艺术品，具有节奏感的构图，使作品显得活泼、生动。

图 5-6　环境设施韵律的美感　　　　　　　　　　　　　　图 5-7　环境设施节奏的美感

（4）比例与尺度

比例是指物体整体与局部，局部与局部之间的大小及长、宽、高的关系。任何美的形式，都必须具有适当的、正确的比例。比例关系是根据其使用功能的要求、材质的选择、结构的设计、加工工艺等物质技术条件，结合人们的审美习惯而形成的。

尺度感是人们以自身的尺寸为基本参照，与环境设施的尺寸进行比较后所产生的感受，具有相对的特性。选择一个合理的并符合人们生理与心理两方面需要的尺度是环境设施设计的重点。在环境设施形态设计中，比例的存在离不开尺度，只有尺度确定了，才能进一步推敲其比例关系，城市空间中环境设施的尺度是由环境设施的功能结构和人机因素决定的。

如图5-8、图5-9所示，是某商业步行街入口标识牌的改造前现状分析图，图中显示标识牌两侧有高层建筑，视域较为狭窄，视线退让不足，然而标识牌尺度过大，和周围空间环境比例失调，不利于行人观察和识别。如图5-10所示，改造后标识牌尺度和比例符合空间环境和人的观察习惯，起到很好地识别作用。

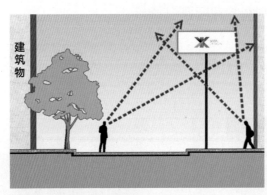

图 5-8　改造前立面视线分析

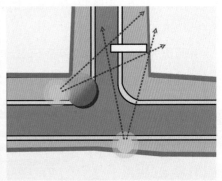

图 5-9　步行街改造前平面视域分析

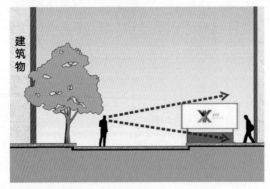

图 5-10　改造后立面视线分析

5.5　合理性原则

合理性原则就是指在环境设施设计时，要尊重客观规律，避免主观随意性和盲目性。这种合理性是多方面要求的，必须根据实际情况，依据现有的技术、材料和成本经济等综合因素考虑。另外遵循合理性原则是在设计时避免出现盲目的追求形式主义，忽视人们使用设施时出现的种种问题。由此可见一件成功的环境设施作品应该是考虑多方面因素的，必须遵循合理性的原则。

5.6　个性化原则

对某一事物而言，个性是指事物的显著特征，是使该事物区别于其他事物的典型特征。个性化概念的提出是城市健康发展的必然，也是人们对城市环境设施要求不断提升的结果。设计应充分研究、挖掘环境设施产生个性特征的因素，并提炼出个性化元素，丰富环境设施设计的内涵，凸显环境设施设计的个性化。

如图5-11所示，香港某公共空间中的室外家具，富有创意地利用动物形象和设施的巧妙结合，很好地彰显了环境设施的个性。

图 5-11　环境设施的个性化

5.7 可持续性原则

城市环境设施设计应符合可持续性原则。环境设施的可持续设计实质就是使设施生态、环保、能源等消耗低，并可循环利用。

要关注环境设施在设计、生产以及使用者消费的过程中，要有效地利用有限资源，并尽量使用可回收材料制成的产品，以减少一次性产品的使用量。其次还应从结构、功能、易于拆卸等细节考虑，使材料和部件循环使用，把环境设施的性能、质量、成本与环境指数列入同等设计指标，使更多无污染的可持续设计进入社会。

如图5-12所示，用生态环保的竹子做成躺椅，形式简洁明了，给人清爽舒适、亲近自然的感觉。

图5-12 生态环保的竹子做成躺椅

6 城市公共环境设施分类

图 6-1　中国古代消防储水和提水用的器皿

6.1　市政管理设施系统

　　市政管理设施系统是环境设施系统中的一个重要的子系统，与城市的建设和发展相配套，它不仅起到支撑城市社会生活的作用，同时也对市政管理发挥积极的作用。但是目前在中国的许多城市中，市政管理设施开发缓慢、随意，缺乏合理的规划和系统性。对市政管理设施系统进行整体的规划和设计，是今后城市建设发展的基础和必然趋势。管理设施主要包括防护设施与市政设施两大类。

6.1.1　防护设施

　　防护设施主要是指对城市各空间中起到维护和防范作用的配套设施，包括消防栓、围栏与挡柱、盖板与树箅等。

　　（1）消防栓

　　消防栓是城市防灾灭火专用的水源设备。自古以来无论民宅、企业、街道建筑前均设置消防用水的水桶和沙箱等，如图6-1所示。后来随着科学技术和城市管理水平的提高，城市消防体系得到逐渐的完善，消防栓和灭火器等设施均成为城市防灾必不可少的设施。

　　为了减少对道路和行人及景观的影响，消防栓设施通常为埋设型消防栓。其中防火水箱用于火灾后的清除残火及其他火焰不太大的灭火活动，色彩均为红色。埋设型消防设施一般依附于建筑、花台与墙体埋设、排列整齐，既节省了道路空间，又美化了环境，出水口和水压也大大增加。

消防栓作为消防活动的重要设施，规划布局通常是100m间隔设施一个，高度75cm为宜，如图6-2所示。

（2）护柱

护柱与护栏在城市公共空间环境和道路中起着限定、分隔和引导的作用，也是城市景观中不可忽视的环境设施。护柱是一种竖向的路障，护柱起着阻止机动和重型车辆驶入步行街区的有效办法之一，其功能在于防止机动车与行人互相侵犯。

图6-2 依附于建筑放置的消防栓

① 护柱的类别：护柱的形式一般包括栅栏式、栏杆式及揽柱式，其设计形式丰富多样。有固定的、插入的，可移动的。此外，许多装饰和休息设施也可以充当护柱，如排列的树池、花池、低位置路灯、小品堆石等，如图6-3所示。

② 护柱的布局设计原则：首先，护柱的高度一般在40～100cm，设置间隔为60cm左右。残疾人用车出入的地方，一般按90～120的间隔设置。带链条护柱的设置间隔由链条连接以增加其牢固感，形态需反映场所空间特点，并有一定强度，经得起冲击。第三，对于一些时间限制性的路段，应采取活动式或升降式护柱。

（3）盖板与树箅

盖板与树箅属于路面管理设施，遍布于城市道路及公共开放空间场所中。盖板是地面铺装物，主要用于雨水口、地下采光井道、管沟的活动盖板，主要分为透水透光的格栅板（用于雨水口、地下采光井和通风口）和封堵密实的盖板（用于给排水、燃气、供暖、通信光缆、有线电视）等。盖板的结构包括上盖板，底板和组合圆环，底

图6-3 形式多样的护柱

图 6-4　铜质的盖板

板位于最底部，上盖板位于底板上方。树箅的材料可以采用混凝土板（块）、金属、塑料等，在满足箅面坚实和安装牢固的基础上，要保证孔洞有足够的透水性能和便于拆开清扫。在可能条件下，应使其造型与空间场所环境、地面铺装统一协调，如图6-4～图6-6所示。

① 盖板的功能与设计要点：

· 井盖设置强调"五防"，即是防跑、防跳、防裂、防响、防盗；

· 易于识别专业内容，标明类型；

· 位置选择在交通量较小和隐蔽处；

· 盖板设计造型要美观、盖板上的文字和图形与周边环境和铺地材料和谐统一。

② 树箅的功能与设计原理　树箅是用于城市公共场所绿化树池封盖的箅子。起到维护树基的作用，具体有以下三个功能：

· 加强场地地面的平整性；

· 减少土壤的裸露和流失，以保证地面环境在各种气候条件下的清洁；

· 避免在树根部堆积清扫的污物，利于树的生长和环境卫生。

图 6-5　生态型树箅　　　　　　　　　　图 6-6　透水透光的格栅板

6.2 休息设施

休息设施是公共设施中不可缺少的重要元素之一，它是城市公共环境中与人最密切的设施，在公共空间中提供使用者适宜的休息设施，如聊天、等候、观赏、用餐等，是城市公共空间形成场所感的重要元素。

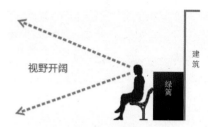

图 6-7 休息设施朝向与视野分析图

休息设施规划布局与设置是非常重要的，其位置的选择，在物理环境上（如日晒、风向、排水及使用时段等）应周详统筹考虑；日照方面应考虑坐向与遮荫；风向方面则需注意风力与通风状况；排水方面在衔接路径及设置区周围铺面方面都应妥善处理。建筑师约翰·赖勒（John Lyle）对哥本哈根铁凤里游乐园的调查表明，沿着游乐场主要道路布置的座椅，使用率最高，从那里可以看到各种园内活动，这就说明朝向和视野对于座位的选择起着重要的作用，如图6-7所示。

休息设施的设置布局要根据场所的现实情况尽量布置在遮荫、半遮荫的地方。较合理的休息设施配置布局，要考虑与周边环境元素整体配合，也应注意不宜过度隐密而造成安全上的死角，如图6-8所示。休息设施规划与布局通常要注意以下几点。

① 考虑使用者交流互动的要求，需要在群组配置时形成围合空间，如图6-9所示。

图 6-8 休息设施通常布置在遮荫处

图 6-9 休息设施群组配置时形成围合空间

② 不能只以简单的条、列设置休息设施。

③ 休息设施的数量、分布和种类都是规划布局所要考虑的因素，否则会影响到来此游憩的人流量。

值得注意的是规划布置休息设施时不但需要考虑人们在选择座位时的心理行为习惯，还要考虑到游憩人群流动与停顿的生理需要，根据不同场所的实际需求，进行合理配置休息设施的数量，是公共休闲空间中的必备条件。

休息设施应分为显性与隐性两种，显性休息设施即常规的各种坐具；而隐性休息坐具则是结合一些其他的设施，例如花台、叠石、台阶等。在休息设施布局的总数中应保留一定量的隐性休息设施，这样可避免空间场所在使用波谷时段的冷清萧条感，如图6-10所示。

图 6-10 隐性休息设施围合空间

图 6-11　环境设施的公众化

6.3　城市信息设施

6.3.1　信息设施的概念和特征

信息设施是城市空间环境的重要构成元素，具有完善城市功能、美化城市环境和展示城市形象的功能。信息设施依附于城市空间环境、以传递信息为目的，是以视觉传达为主要方式的媒介设施，主要包括户外广告、城市交通导向标识系统、公共信息标识等。

信息设施必须以系统的、整体的观点进行设计和研究，强调环境空间的立体景观效应和场所意义，城市信息系统的设计要求将诸多相关要素"整合"为一体，目的是为公众提供高品质的生活环境。城市户外信息系统的设计特征主要有以下几个特点。

（1）开放性

城市环境自身就是一个开放的空间体系，因此，户外视觉信息设施的设计无论从整体规划，还是具体的细部设计都应该满足视觉上的开放性，这样才能更明确的传递信息。

（2）公众化

户外视觉信息必须面向公众，适合各年龄层次、多文化层面对象的需求，体现对使用者最大程度的接纳性，在造型、色彩、体量、材料的运用中体现设计的亲和性、公众参与性，以满足人们生理和心理上的各种需求。如图6-11所示，香港尖沙咀星光大道地景和观众形成良好的互动。

图6-12　充满个性化的树箅

（3）个性化

针对复杂多变的城市环境空间，由于信息系统设施形态、功能的不同，环境中使用者的职业、性别、地域、文化层次、宗教等各方面的差异，就需要有不同风格的信息系统设施与之相匹配，以呈现多元化的格局。个性化的信息系统设施能成为小环境中人的情绪与情感的调节器，当设施以独特的语言，充满人情味的形态，满足人们对健康生活的追求，反映城市居民的精神风貌及文化倾向时，便会给人以独特的愉悦和美的享受，如图6-12所示。

（4）综合性

户外视觉信息的设计要综合考虑人的使用功能、地域、人文特色、生态环保、科技等因素，并与周围环境相协调，使人们愿意在环境中逗留。同时，设计应该因地制宜，为日后的管理维护和更新提供方便。户外信息系统是基于平面的二维图像向城市的三维空间延伸，以传递信息为目的，是城市环境中的视觉关注中心，因此，户外信息系统的设计能提高环境的视觉品质。它涉及多个交叉学科：传播学、城市设计、平面设计、社会学等多层面的内容。

（5）流动性

户外信息系统的更新速度远大于建筑的更新速度，具有很强的流动性和较短的周期性。

6.3.2　城市信息系统规划的层次

城市信息设施系统的规划是在城市总体规划指导下的单项规划设计，与其他具体规划不同的是：它既要进行整体的规划布局，又要对具体区域制定针对性的规划管理导则，并在执行过程中同时要协调各方利益。

（1）信息系统的整体规划

城市信息设施系统的规划设计是以城市总体规划为依据，根据城市特定的空间、功能布局、用地性质、环境特点、人口密度、人口分布和活动规律等，来确定城市信息设施的规划设计。明确特色分区，制定针对不同地段的规划设计导则，为更进一步的详细规划设计提供依据。信息设施系统的整体规划的内容主要包括以下方面。

① 分析不同用地对环境的要求，得出各种空间场所的特点，对信息设施的类型和形式做出规定，并采取分级控制方法。

② 重要区域、路段和节点的明确；主要是针对不同类型的信息设施集中分布规律，确定重点范围做到主次分明。例如：商业中心区户外广告的集中分布；城市交通枢纽区域的导向标示的集中分布等。

③ 影响城市夜景的信息设施的形式与分布。对影响城市夜景的信息设施的照明方式根据不同性质的空间提出指导性的要求。例如，不同性质的道路两侧的灯箱，对其光照色彩提出要求；对霓虹灯设置位置和数量的要求，等等。

（2）信息设施的详细规划

① 要对重点区域和节点进行分析，确定其在城市中的地位、现状特点；根据具体情况确定信息设施的位置、形式、数量、尺寸和风格；确定分类信息设施的期限和维护要求。

② 在结合人类的认知规律，理性分析环境设施状况及人的信息需求和人流、车流的基础上，进行系统规划、布点和设置。

美国哈普林曾认为："应限制个别单位的标志，它们在制造过多光怪陆离的信息，污染着我们的城市环境。反之，过于统一也会导致城市环境的索然无味"。因而，管理部门应该对城市标识系统的设计制定相应的规范，进行必要的引导。

6.3.3　信息设施分类

根据传递信息的不同，主要分为以下几类：以传达商品销售信息为目的的户外商业广告标识；以交通导向为目的的城市导向标识系统；以明确场所位置和性质的环境场所标识。

（1）户外广告

是指在露天和城市公共场所，针对流动对象提供可持续、不间断的视觉信息传播，借以实现广告信息传播的媒介，户外广告是一种传统的媒介形式，如图6-13所示。它具有以下几个特点：

① 广告效果的持续发挥并且受时间、空间限制较小；

② 与其他媒体比较有较好的经济性；

③ 受众的广泛性；

④ 以城市实体环境为载体；

⑤ 更新周期相对较短。

（2）城市交通导向标识

城市交通导向标识是城市公共信息设施系统的重要组成部分，随

图 6-13　城市户外空间中的商业广告

图 6-14　城市环境信息指示牌

着城市化进程的加快，城市交通环境变得日益复杂化，这就需要更加科学、完善的交通导向标识系统，同时它也是城市交通高效率运转的保障之一。

此外，城市交通导向标识是利用图案、符号和文字传递特定信息，对道路交通进行指示、引导、警告、控制或限定的一种道路交通管理设施，也属于静态交通控制。它一般设在路旁或悬挂在道路上方，给交通参与者明确的道路交通提示。

城市交通导向标识又可以分为两类：一类是提供道路交通信息的标识，主要是为人们提示方向和相关城市环境信息指示系统，如图6-14所示；另一类是，主要提供提示或警戒以阻止某种行为的标识。可分为：警告标志、禁令标志、指示标志等，如图6-15所示。

城市交通导向标识的设计除了考虑特定环境下的审美要求外，还应该综合考虑环境"变量"，例如：被识别距离、交通工具的移动、照明条件、所需的特定的制造材料，等等。

（3）信息指示系统

信息指示系统通常包含：场所标识和城市公共信息标识。场所标识是以明确某种性质的建筑和场所为目的环境标识，场所标识除了具有引导功能外，还是环境语义的诠释，通过它人们可以更直接的了解建筑和场所的空间性质，建筑场所标识大多成为环境的关注焦点。场所标识的主要作用有：首先，命名地址和定义空间、识别场所、识别和点缀建筑物；其次，有点缀空间、记录等功能。因此，高质量的建筑场所标识能够提升环境的整体的视觉品质，如图6-16所示。

城市公共信息标识是指非商业性的公益信息，例如各种会议、方针政策的宣传信息等，这类信息具有阶段性、临时性的特征。

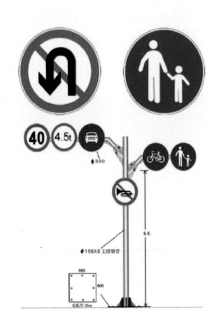

图 6-15　城市交通信息标识

图 6-16　形态各异的城市场所空间标识

6.3.4　信息设施视觉要素设计

视觉要素是导向信息最便捷、最直观的反映，包括色彩、文字与字体、图形符号三个要素。

（1）色彩

色彩作为最活跃的视觉元素，同时也是一种感性的导向方式。一方面，在导向系统设计中，色彩是形成系统性和可识别性的重要方法。导向功能的有效发挥在很大程度上是依靠色彩的合理运用，色彩的管理是导向系统中界定不同空间、不同线路的重要元素，在一套完整的导向系统中色彩会起到排列顺序的作用。如图6-17所示，某自行车停车场标识牌色彩配色标准。

⊞　停车场指示：自行车停车场指示尺寸、色彩、字体、字体大小及位置

⊞　使用色彩CMYK值：
　　　C:67% M:59% Y:53% K:33%
　　　C:29% M:95% Y:88% K:32%
　　　C: 0% M: 0% Y: 0% K: 0%

⊞　使用字体
　　P　——Arial Black
　　自行车停车场　——黑体

⊞　字体大小及位置

⊞　使用色彩CMYK值：
　　　C:67% M:59% Y:53% K:33%
　　　C:84% M:71% Y:6% K:1%
　　　C: 0% M: 0% Y: 0% K: 0%

⊞　使用字体
　　P　——Arial Black
　　自行车停车场　——黑体

⊞　字体大小及位置

图 6-17　标志牌色彩配色标准

图 6-18　字体清晰的标识牌

在导向设计的色彩应用方面，应遵循以下几点原则：首先，应避免色彩的乱用和错用，尤其在安全色的运用方面更要严格参照相关标准执行；其次，由于色彩运用对形式美起着重要作用；第三，信息设施是面向大众的设计行为，应综合考虑不同民族、文化、习俗和宗教的差异，不能极端或过分强调个人倾向，色彩设计应为群众普遍接受。

（2）文字与图形符号

文字作为导向系统设计的基本视觉元素，应力求简明扼要、表达无误，字体笔画应便于识别，有时需要根据主题、风格和环境的要求进行字体设计。文字的字体、字号、间距和阅读距离都要符合规范性，这样才能保证导向信息传达的有效性和识别度，如图6-18所示。

图形符号既有感性的形象，又有理性的内容和含义，是导向系统中信息传达功能最强的元素也是导向系统标准化建设中的要素。目前导视系统在现实应用中，相当一部分都直接采用图案设计，完全以视觉效果来引导人的思维。

图形符号具有独立的构成原则，它强调功能性、规范性、通用性和科学性。因此，在视觉形式上呈现出高度概括的简约风格。与文字相比，图形符号因其通俗易懂、简洁明了的特点，可以跨越语言和文化障碍，直观、准确地向来自世界各地的人们传递公共信息。在图形符号设计时应该注意以下方面的问题：

首先，图形符号的设计应以现有国家标准为前提，在设计原则、构型原则和测试程序的指导下进行，确保设计图形适用于标准体系；

其次，设计应以共识为基础，符号设计应力求通过人类共同的生活经验和自然现象，引起受众的共鸣，使其感知能与图形内涵相吻合，从而引发准确联想和正确行为；

最后，要体现形式美。如图6-19所示，某地下停车库禁止使用明火的标识牌，上面使用的图案起到非常好的警示作用。

6.4　照明设施

城市空间中的各种灯具是联系白天与夜晚景观的纽带：白天可以点缀空间景色，夜晚则是人类的"第二眼睛"，能充分发挥指示和引导作用。

照明设施是满足夜间照明要求的设施，在城市公共环境中，照明

图 6-19　禁火标识牌使用的图案

设施可分为：以照明为主的灯具（高杆灯、中位灯、低位灯等），及以装饰照明为主的灯具（花坛灯、泛光照明灯、轮廓灯等），如图6-20所示。照明设备延长了人类活动的时间，使城市的夜晚焕发出活力，成为城市夜间照明和气氛营造的主要元素，同时照明设施也是城市景观的重要构成部分。

6.4.1 照明设施规划设计原则

照明设施在区位选择与配置上，最主要是根据人群活动的范围与流线，依其活动强度，决定整体的照明需求。在专业测量上可用照度、辉度、均齐度、眩光指数等数值作为参考指标，由此再决定所需灯具的数量与间隔、光源种类等。若未经细致的设计，可能造成亮度不足、灯具间彼此相隔太远，光照令人感到不舒适等问题。如表6-1所示，城市公共空间中常用的景观灯类型、功率与种类。

图 6-20 不同类型的灯具

表 6-1 常用的景观灯类型、功率与光源种类

灯具类型	单灯功率		光源种类	
草坪射灯	35W	80W	PAR38绿色泛光灯	PAR38绿色泛光灯
草坪射灯	35W	80W	PAR38射灯	PAR38黄色泛光灯
草坪射灯		80W		PAR38红色泛光灯
埋地灯	150W	150W	金卤	金卤
小泛光灯	35W	35W	金卤	金卤
泛光灯	250W	250W	金卤	钠
线型埋地灯（白色）	28W	28W	T5	T5
线型埋地灯（蓝色）	28W	28W	T5	T5
草坪灯	18W	18W	节能管	节能管

图 6-21　灯光渲染的建筑夜景

照明设施主要是为了充实或改善人类夜间的行为活动，所以必须具有良好的诱导性，照明设施应尽量以简单的形式为佳，为符合交通安全需求，应按线形沿街采用规则性的配置方式。

人行道的照明应特别强调夜间的特殊效果，针对光源高度、配置地点及光源种类来考虑。由于高度低的灯光源具柔和气氛的特性，通常用来配置人行道的照明，其光源点要低于车道照明的位置。此外，夜晚可利用投射灯来增加街道旁特殊建筑物或雕塑的光影效果，如图6-21所示。

由于照明灯具在白天较为醒目，故应针对其造型和色彩设计来加强变化创意。特殊景观区域照明灯具设计应和空间环境整体规划相协调，以达到景观的统一性。

6.4.2　灯具的形式

灯具的造型设计是城市照明设施设计的主要内容，灯具造型本身也具有地域特色因子，各类灯具设计应结合城市景观整体的风貌，做到统一中含有变化。灯具尺度要适宜，不同区域灯具造型要有所区别，以更好地衬托景物，装点环境和渲染气氛，同时灯具也具有较强的识别性。如图6-22所示，用现代材料和技术造成的灯具形态优美、动感强烈，这样的灯具设置于城市中能够很好地渲染点缀城市环境。

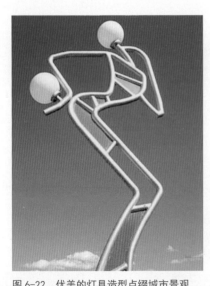

图 6-22　优美的灯具造型点缀城市景观

作为夜间照明的器具，根据使用场所不同，对于造型与光源的选用、装饰形式与制作用材等方面也有不同的要求，以适当的材质、颜色、造型，来决定灯具的形式，要配合四周环境，避免与周围环境造成不协调的因素。

6.5　卫生、便利类环境设施

卫生与便利类的环境设施是维持环境的整洁、给人们提供方便的重要设施，它的完善与否从一定程度上反映了城市的文明程度。这类设施种类繁多，分布面广，一般具有造型别致、色彩鲜艳、易于识别的特点。例如，垃圾箱、饮水器、邮筒、电话亭、移动公厕等，是城市景观的一部分，它们在城市公共空间中发挥着不可或缺的重要作用，它的优劣直接关系到城市空间质量与公众的健康。

6.5.1　卫生设施概念与特征

卫生设施是改善环境卫生、限制或消除生活废弃物危害功能的设备，即容器、构筑物、建筑物及场地等的统称。通常设置在公共场所等处，为社会公众提供直接服务的环境卫生设施。环境卫生设施应方便社会公众使用，满足卫生环境和城市景观环境要求，其中生活垃圾收集点，废物箱的设置还应满足分类收集的要求。

6.5.2　卫生设施规划设计原则

① 在道路两侧以及各类交通客运场地、公共空间、广场、社会停车场等的出入口附近应设置废物箱。设置在道路两侧的废物箱，其间距按道路功能划分——商业步行：50～100m；主干路、次干路、有辅道的快速路:100～200m;支路、有人行道的快速路：200～400m。

② 生活垃圾收集点的垃圾容器或垃圾容器间的容量按生活垃圾分类的种类、垃圾容器数量是根据生活垃圾日排出量及清运周期计算，其计算方法下。

生活垃圾收集点所需设置的垃圾容器数量：

$$N_{\text{ave}} = \frac{V_{\text{ave}} A_4}{EB}$$

式中　N_{ave} —— 平时所需设置的垃圾容器数量；

E —— 单只垃圾容器的容积（m³/只）；

B —— 垃圾容器填充系数 B = 0.75~0.9；

A_4 —— 生活垃圾清除周期（d/次）；A_4当每日清除1时，A_4 = 1时；每日清除2次，A_4 = 0.5时；每2日清除1次时，A_4= 2，以此类推。

$$N_{max} = \frac{V_{max} A_4}{EB}$$

式中　N_{max} ——生活垃圾高峰日所需设置的垃圾容器数量。

③ 人群停滞时间较长的地点较容易产生垃圾，在动态活动空间产生垃圾几率则较小；故垃圾箱配置地点应慎重选择。如步行街区中的休息设施附近、食品店的门口、自动售货机旁等区域。同时在造型和位置上不宜过分夺目，要给人以朴素、清爽的感受。除独立存在外，垃圾箱还可以与座椅、灯柱等其他设施结合设计。如果置于不易接近的地点，会导致收集及清运不便，与其他设施组合配置时，对局部区域的风向、微气候等因素考虑不足，容易导致邻近活动受到视觉与嗅觉的干扰。在设置垃圾箱时，还必须事先考虑该设施的管理、清洁与维修方式，尤其要考虑垃圾收集频率与垃圾箱容量的匹配，否则会增加垃圾清理时间与人力的浪费。

④ 卫生设施一般应放置在公共空间，人流密集的地方。例如，商业街、休息场所、停车场，公共汽车站、影剧院广场等空间。如图6-23、图6-24所示。

图 6-23　垃圾箱结合候车亭

图 6-24　垃圾箱放置在人流密集的地方

图 6-25　不同材质的卫生设施

⑤ 垃圾箱一般高度在60～80cm,宽度50～100cm，投掷口
距地面60～90cm为宜，适合步行者的抛物高度。对垃圾应有分类
处理的系统与标识，让每个人都可以轻松了解应该把手上的垃圾放进
哪个简体中去，这样的结构有利于环保。设施周边的地面材料应具有
平滑的表面，不易淤积污垢，便于打扫。在材料的选用上通常选用铁
皮、铸铁、水泥、塑料、釉陶等质地坚硬耐损耗的材料，以便经得起
公共场合下的粗暴使用。箱体内最好有可取出的套简或可更换的塑料
袋，这样有利于日常的清洁工作，如图6-25所示。

6.5.3　便利类环境设施

公用电话亭是人们在城市公共空间中进行通讯联系的重要设施，
资费低廉、通话质量高等特点使其在无线通信十分发达的今天仍具有
很高的使用率。它的使用状况反映了一座城市的公用事业水平与城市
生活的节奏效率。

电话亭一般布置在城市道路两侧，或是座椅附近，并且不能妨碍
交通。在城市景观中，电话亭属于点缀与从属之物，造型、色彩方面在
做到醒目的同时要注意与周边环境的协调。电话亭常用的有盒子状的
封闭式与柱状的遮体式等几种形式。目前中国的步行商业街区主要采
用的都是柱状电话亭，因为它使用方便、节约空间，如图6-26所示。
但是，它也存在隔音不好、容易损坏的问题。柱状电话亭的用材多为
金属、有机玻璃，高度在2m左右，深度约0.5～0.9m。最好有记录
台，方便人们使用。

图 6-26　巴西圣保罗街头富有创意的柱状电话亭

图 6-27　城市空间中的户外饮水器

此外，还可以将城市的电子信息查询服务系统与电话一并设计在电话亭内，这样，可以更快捷的发布有效资源信息，提高步行者游览的效率。

要缓解人员密集的城市公共空间存在的公厕不足的问题，设立移动公厕是一个有效的办法。这对于提高城市公共空间人性化程度有着重要的意义。移动公厕与普通公厕一样，设置的位置不可太突出，但必须有明晰的指示系统为人们提供引导。在设计上，应减少装饰，尽量做到明快简洁。

饮水器是为行人提供饮用水的设施，目前在中国的城市公共空间中还不很普及。若在食品店、休息设施旁设立一些饮水器，可以提高城市公共空间的舒适度，有利于步行者的身体健康。由于饮水器一般都是定型的产品，所以要选择与环境相协调的式样，附近地面的铺装要有一定的坡度，引导路面的水流入泄水口。饮水器的设置要远离垃圾箱、公厕等处，避免污染，如图6-27所示。

6.6　交通设施

主要包括人行天桥，公共汽车站，自行车存放处等。其配置应考虑行人的使用，并提供安全、方便的配套设施。交通设施应满足乘客的便利性，避免设置于交叉路口或转弯处，以免造成交通阻塞影响交通。

（1）行人安全设施

交叉口护栏与人行道护栏是为了保护行人，防止行人任意横穿马路，排除对机动车、非机动车的横向干扰而设置的。这种护栏的设置应与过街设施(如人行横道、过街天桥和地道等)结合起来，做到既保障人车安全又方便行人过街。

有些城市道路从交通安全角度出发，在车行道设置中央隔离栅栏，既对双向机动车交通起到一定的安全作用，又可防止行人及非机动车随意横穿马路。

（2）车辆安全措施

车辆安全措施包括交通岛、视线诱导设施、分隔设施以及防眩装置等。交通岛是设置在交叉路口或路段上，用以引导车流沿规定方向或路线通行的岛状物体，对保证交通安全、提高通过能力有一定作用。按其作用不同可分为导向岛、分隔岛、中心岛和安全岛。视线诱导设施如反光道牙、猫眼等，夜间在灯光照射下可以指示分车线、分隔带等以用来诱导视线。防眩装置即是在道路的中央分隔带上设置防眩网或种植灌木丛，以此消除或减弱夜间行车时对向车辆灯光对驾驶员造成的眩光影响。防眩网或灌木丛一般以略高于驾驶员的视线高度布置，多用于快速交通的高等级道路上。其他保证人车安全的交通设施还有如交通标志（警告、禁令、指示等）、标线、信号等。

6.7　无障碍设施

　　无障碍设计（Universal Design）产生于20世纪初的建筑学界，主张依据人机工程学原理，运用现代技术为残疾人建造行动方便和安全的空间。国际上对于无障碍设计的研究可以追溯到20世纪30年代初，当时瑞典、丹麦已建有专供残疾人使用的设施。所谓无障碍设施是指为了保障残疾人、老年人、儿童及其他需要利用无障碍设施的群体在居住、出行、工作、休闲娱乐和参加其他社会活动时，能够自主、安全、方便地通行和使用所建设的物质环境。主要包括：坡道、缘石坡道、盲道无障碍垂直电梯、升降台等升降装置；警示信号、提示音响、指示标识；低位装置、专用停车位、专用观众席、安全扶手无障碍厕所、厕位等，如图6-28所示。

图 6-28　无障碍设施图例

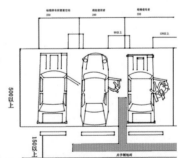

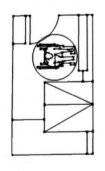

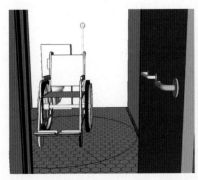

图 6-29　无障碍坡道

6.7.1　无障碍设施分类设计

在无障碍设施设计过程中必须分析残障者在环境中的各种需求，如空间需求、伸展需求、运动需求、感官需求、心理需求等。通常无障碍设计主要分为移动障碍、视觉障碍及听觉障碍三类。

（1）移动障碍类

移动障碍类型主要包括轮椅和拐杖使用者。对于轮椅使用者，要注意公共空间中应留有足够的空间供轮椅活动，轮椅活动一般是在步行道上进行的，因此步行道的最小宽度应为2m，在行人较少的特殊场合，步行道净宽至少要1.5m。为了减少轮椅行进的困难，步行道铺地要尽量保持平坦，铺地材料不宜光滑，地砖应以纵向铺装为主。为了使轮椅或人力车安全便利攀登，坡度最大不超过6%，如果坡度超过这个限值就要设扶手等辅助设施。对于拐杖使用者，楼梯和坡道一定要安装扶手，同时地面要保证一定的粗糙度，重视防滑设计，如图6-29所示。

除经过必要的辅助训练和自助设备的弥补外，为使残疾人在城市环境中通行便捷和安全，还需要在有关设施的设计上予以配合，如通道、坡道、街桥、地下通道、公共厕所、公用电话亭、专用国际标志等。

（2）视觉障碍类

视觉障碍类型主要分全盲和弱视两类。对于弱视者，可以通过色彩、光源等帮助他们找寻信息，此外应避免眩光对弱视者造成的困扰；对于盲人，通过盲道来帮助盲人行动，还可以利用声音以及盲文来引导方向。

中华人民共和国行业标准《城市道路和建筑物无障碍设计规范》一书中，详细规定了盲道的设计要求。盲道应该避开树木、电线杆、树坑等障碍物，盲道的宽度一般为500mm，方便直行的盲人左右摆动。盲道分为直行盲道和提示盲道两种，直行盲道符号高出地面5mm，这样能够使脚和盲杖接触在盲道上时有明显的触感，引导盲人向前直行。提示盲道砖为圆点形，圆点符号高出地面5mm，同样能够使盲杖和脚底产生明显的触感，可告知盲人前方环境将出现变化，要有心理准备，还可告知盲人已经到达目的地等信息。盲道的颜色规定选用中黄色为宜，也可选用与周围环境相协调的颜色。

如图6-30所示，为盲道设计方案，特定地点分别为超市、地铁、医院，都是盲人出行时关注度较高的目的地。盲文标示出了目的地名称，导向符号右侧的斜杠表示距离，盲人可以通过盲文和导向符号获得所需要的导向信息。根据《交通法规》规定，一道斜杠表示距离50m，三道表示距离150m。

带有盲文指示牌或语音提示的导向牌，可以使视障人士独立准确的到达目的地。触觉导向牌在公共场合使用主要通过触觉达到导向的作用。如图6-31所示，触觉地图，盲人可以通过手部的触觉了解所在地的环境概况，简洁大方，更为环境增添了几分趣味性。

图6-30 盲道设计方案

图6-31 为盲人提供触摸地图

图 6-32　为盲人提供声音导向的设施

语音导向牌通过声音提示达到导向功能。如图6-32所示，外观上与交通标志相协调。通行时，外边缘一周绿灯亮，中间人形灯亮，左右腿交替闪烁，同时有警示声响起。禁止通行时，外边缘一周红灯亮，中间大小手型灯闪烁。

（3）听觉障碍类

听觉障碍类型主要分全聋和使用助听器的听力障碍者，可以利用信息字幕，电视手语、在环境设施上辅以声音强调等来传达信息。如一些发达国家普遍采用不同的音乐来告诉盲人红绿灯的变化状态。

6.7.2　无障碍设施标准

① 在一切公共建筑的入口处设置取代台阶的坡道，其坡度应不大于1:12；

② 在盲人经常出入处设置盲道，在十字路口设置利于盲人辨向的音响设施；

③ 门的净宽度要在0.8m以上，采用旋转门的需另设残疾人入口；

④ 所有建筑物走廊的净宽应在1.3m以上；

⑤ 公厕应设有扶手的座式便器；

⑥ 电梯的入口净宽均在0.8m以上。

6.8　公共艺术设计

城市环境设施是社会文明程度的一种显著标志，是城市公共空间环境中不可缺少的要素，每个环境都需要特定的设施，它们构成氛围浓郁的环境内容，体现了不同的功能和文化气氛。可以说，城市环境设施构成了城市公共空间的物理存在形式，城市公共空间的历史、文化以及现代社会意识影响着城市空间精神层面的差异，成为了城市公共空间的艺术特性。

同时，公共艺术品直接或潜移默化地影响和改造人的文化观念和审美模式，良好城市的公共环境艺术可以体现城市的性格和特征，符合生活在这个城市的居民的审美要求和生活需要，它最终会成为都市生活的一部分，成为一个城市的缩影并反映着这个城市的性格。

图 6-33　尖沙咀星光大道李小龙雕塑

　　① 公共艺术品设计需要体现人文关怀，要把握人们对公共环境设施的物质使用和精神感受两方面的要求。如图6-33所示，香港尖沙咀星光大道李小龙雕塑具有很强的人文性，雕塑很好地表达人们在精神上缅怀中国功夫大师。

　　② 公共艺术品设计的整体性原则，城市公共艺术品不是孤立存在，每一个公共艺术品都是城市环境中的一个元素，所以公共艺术品与周围环境、建筑之间要做到整体、和谐、统一。如图6-34所示，南京大学田家炳艺术书院周围的雕塑群，雕塑有的是美术家、文人、也有普通的劳动者。他们在神态上有的肃穆，有的动感十足。雕塑家巧妙地将他们和建筑周围的空间、植物相结合形成了和谐、统一的景观特色。

图 6-34 公共艺术与环境的和谐统一

图 6-35 公共艺术品体现城市的魅力

③ 公共艺术品设计应当关注经济与社会效益，需要有效合理的管理，才能保持良好的市容环境和美好的城市形象，才能产生应有的经济效益和社会效益。

城市的发展是显性的，而城市的文脉却是隐性的。城市的环境设施与公共艺术唤起人们对城市人文特色的记忆，延伸出一座城市的精神与性格。在城市环境中公共艺术品应该得到普遍推广，因为它们可以产生更多有趣的城市要素，并且更加多样化地体现城市空间的魅力，如图6-35所示。

7 城市公共空间场所的环境设施
规划与设计

7.1　城市广场与环境设施

城市广场是城市空间体系的重要组成部分，在城市生活中占有相当的比重。《城市规划原理》中阐述：广场是由于城市功能上的要求而设置的，是供人们活动的空间。广场是由不同功能和性质的空间场所构成，它多为城市及社区布局中重要的节点，是公众进行休闲娱乐及社会交往的场所。环境设施是广场设计的重要构成要素，它们的合理性直接影响广场的使用功能。也是广场艺术造型的要素之一，同时也直接影响广场的视觉效果。

广场内环境设施的配置首先需满足功能要求，根据广场的不同性质而变化。如休闲广场，是人们城市生活的重要场所，主要提供文化休闲活动。这类广场多分布在城市人口集中地区，其中的环境设施布置以观赏、休闲、健身、科普等大众活动为目的，以加强人们的参与性。再如纪念广场，是供人们瞻仰，游览之地，广场中的主体是具有重大历史意义的建筑物，往往成为人们认同的城市标志物。因而，其中具有纪念意义的雕塑作品便成为环境设施处理的重点所在，其余的设施布置多半环绕此纪念主体，以突出瞻仰，游览的目的为主。广场的环境设施包括休息娱乐设施、便利设施、绿化设施、装饰设施以及交通设施等。一般来说，城市广场环境设施的功能具有四个特性：功能性、环境性、装饰性以及复合性。

① 功能性：功能性是指城市广场环境设施外在的、为人所感知的功能特性。广场环境设施直接向人们提供使用、便利、安全防护、信息等服务。

② 环境性：环境性是指广场环境设施通过其形态、数量、空间布置方式等对环境要求予以补充和强化的特性。以隔离墩为例，它们通过行列或群组的形式出现，对车辆和行人的交通空间进行划分，并对其运行方向起到引导作用。城市广场环境设施往往通过自身的形态以及特定场所环境的相互作用而显示出来。

③ 装饰性：装饰性是指城市广场环境设施以其形态对环境起到衬托和美化的功能特性。它包括两个层面的意义：单纯的艺术处理；与环境特点的呼应和对环境氛围的渲染，以此体现环境的个性。

④ 复合性：城市广场环境设施可以同时把几项使用功能集于一身，使单纯的设施功能增加了多重用途。例如在路灯灯柱上悬挂指路牌、信号灯，或者路灯本身就含有路标，使其又兼具指示引导功能。

7.1.1 城市广场环境设施的性质

城市广场是集城市社会生活、交通、旅游、商业、绿化、环境设施为一体的公共空间场所，城市广场环境设施可以表述最小的元素个体，也可以是较大区域内的群体集合，这完全取决于所研究的对象。城市广场环境设施具备以下共同的性质：

① 城市广场环境设施的形态具有文化的形态；

② 城市广场环境设施作为开放的体系，与建筑和自然互相渗透融合，呈现出过渡的特征；

③ 城市广场环境设施无论在内容和形式上都处于不断地演化之中。城市广场环境设施同建筑、美术、音乐一样伴随着人类文明而诞生，并随着城市文化和机制的发展而变化。

7.1.2 广场环境设施的特色性

广场作为城市空间，往往是城市风貌，文化内涵和景观特色集中体现的场所。为了满足广场现代游憩观赏的需要，环境设施特色性是必不可少的。因而，除了满足自身的功能外，环境设施的外观造型，陈列方式应与广场的主题相匹配，不应喧宾夺主，而是要适当地融入广场整体氛围当中。

7.1.3 案例分析——南京火车站广场环境设施调研分析

（小组成员：罗冉 司玉莹 王敏 马凯强）

课　　　程：环境设施设计

调研目的：了解交通广场的环境设施布局及特点

调研方法：实地调研、查阅文献、总结归纳

调研对象：南京火车站广场

调研内容：南京火车站广场的环境设施规划布局、系统性、功能
　　　　　　性与人文性

南京火车站广场位于金陵古城，性质是交通广场，是城市交通枢纽，起到交通、集散、联系、过渡等作用。空间类型共分为集散空间、休息空间、过渡性空间和滨水空间四部分，如图7-1所示。

休息空间　　　　集散空间　　　　过渡性空间　　　　滨水空间

图 7-1　南京站站前广场性质与空间示意图

本案例是对建成使用多年的南京火车站广场的环境设施进行调研分析，通过现状分析来说明该广场的环境设施缺乏系统规划、功能不全、特色性不足等问题，本方案着重解决这些问题，以其使该广场具有完善的环境设施系统，更好地满足人们的需求。

（1）南京火车站广场环境设施规划与布局设计

① 照明设施现状：照明设施的功能和种类不能满足广场的需要，例如中位灯集中在滨水区，高位灯位于休息区的两端，但不足以提供休息空间与集散空间的照明，缺乏低位灯、草坪灯，如图7-2所示。

调整：增加休息空间和集散空间的中位灯数量，在集散空间的两侧、滨水空间增设草坪灯，如图7-3所示。

② 休息设施现状：休息设施以点状和条状的形态分布在休息空间（集散空间的两侧），有效的与集散人流相分离。点状分布的座椅供不应求，条状分布的座椅供过于求，如图7-4所示。

调整：在现有座椅的基础上，改进条形座椅的围合方式，产生多样的围合方式，满足人群不同的功能需求，如图7-5所示。

③ 卫生设施现状：卫生设施多分布在休息设施附近以及集散空间的两侧，靠近站房的卫生设施利用率高，远离站房的卫生设施利用率低。滨水空间卫生设施较少，垃圾乱扔现象严重，如图7-6所示。

调整：根据卫生设施使用现状，在人员密集的区域增设环境设施，反之减少。在广场增加可移动的卫生设施（如移动厕所）增加环境设施的使用弹性，如图7-7所示。

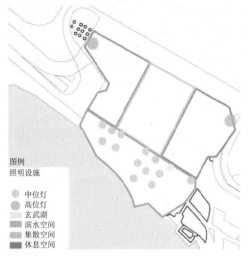

图 7-2　照明设施现状平面分布图

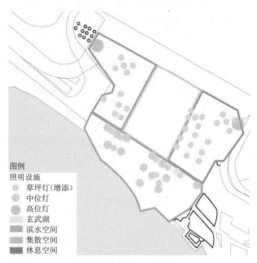

图 7-3　调整后照明设施规划布局图

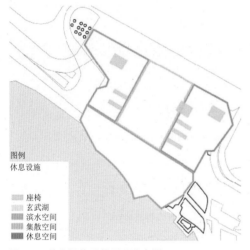

图 7-4　休息设施现状平面分布图

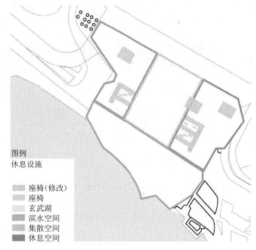

图 7-5　调整后休息设施规划布局图

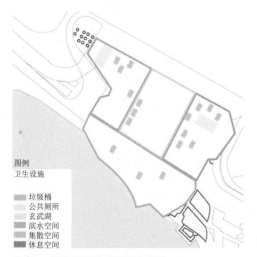

图 7-6　卫生设施现状平面分布图

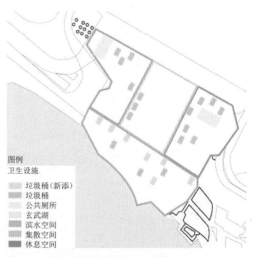

图 7-7　调整后卫生设施规划布局图

（2）南京火车站广场环境设施功能性设计

① 功能基本性：是指城市广场环境设施外在的、首先为人所感知的功能特性。广场公共设施直接向人们提供使用、便利、安全防护、信息等服务。

南京火车站广场的环境设施共分成三个级别，满足人安全性的行为需求的设施为一级环境设施；满足人舒适性、便捷性的行为需求的设施为二级设施；满足人观赏性需求的设施为三级设施。通过广场环境设施的实际情况现状分析，得到如表7-1所示的人的行为需求与环境设施的关系。

表 7-1　南京火车站广场人的行为需求与环境设施的关系

人的行为需求		设施类别	需要设施
安全性需求	一级设施	防护设施	栏杆(+) 护柱(+) 盖板(+) 树篱(+)
		市政设施	管理亭(+)
		安全设施	交通标志(+) 信号灯(+) 反光镜(+) 减速器(+) 步道(+)
		无障碍设施	通道(-) 坡道(-) 专用厕所(-) 专用电话亭(-) 信息与标识(-)
		照明设施	高位灯(+ -) 中位灯(+) 草坪灯(-)
便捷性需求	二级设施	停候设施	停放设备(+ -) 停车亭(+ -)
		休息设施	座椅(+) 隐性座椅(+)
		卫生设施	垃圾桶(+) 烟灰缸(+) 厕所
舒适性需求		信息设施	广告(+) 看板(+ -) 电子信息(-)
		通信设施	电话亭(+)
		贩卖设施	服务商亭(-) 自动贩卖机(-)
观赏性需求	三级设施	装饰设施	雕塑(-) 壁饰(-)
		景观设施	水景(+) 绿景(+) 地景(+)
注释：(+) 已有且充足的设施 (-) 没有的设施 (+ -) 已有但不充足的设施			

图 7-8　路灯与运动器材结合环保节能

②功能复合性：环境设施把几项使用功能集于一身不仅有效地节省空间，还便于设施的统一管理。设施功能的复合性能够满足不同的使用需求，使单纯的设施增加了复合的意味，体现人文关怀。

调整：为了更好地体现广场中环境设施复合性的效能，将广场中的照明设施与休息设施相结合，这样的结合既能起到照明的作用同时还能够有效地节省空间，如图7-8所示。

（3）南京火车站广场环境设施分类设计

①休息设施。

根据广场现状分析，座椅多以直线和环绕型布局为主。

·直线型：适合一群人使用，但影响两端的人交流，使用者主动距离约1.2m利用率低，座椅空间尺度过大，缺少围合感，不能满足人群交谈的需求，如图7-9所示。

·围绕型：不适合群体间的互动，人多时人与人易发生触碰。利用率较高，但与座椅相结合的树池内草皮和树木受到严重破坏，如图7-10所示。

·改进：增加群组型座椅，以此满足人们行为的多样性和人群交往的需求，如图7-11所示。

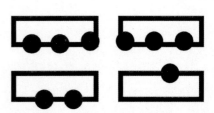

图 7-9　广场中直线型布局设施示意图

图 7-10　广场中围绕型布局设施示意图

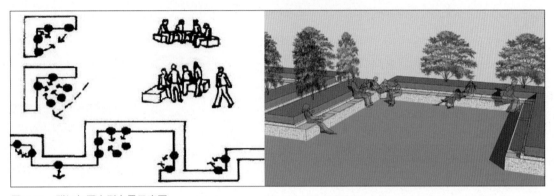

图 7-11　群组与围合型布局示意图

图 7-12　标识牌现状

② 标识牌。

现状分析：火车站广场中部分标识牌的设计，没有充分地考虑人与设施的关系。人在阅读时，必须站在路沿上，身体成45°角倾斜才能勉强看清文字，这样的标识牌设计不符合人机功能以及放置的位置也不合理，导致标识牌的使用效果比较差，不能很好地满足人的需求，如图7-12所示。

改进：文字的大小应是使用者在瞬间识别出所传达内容并做出准确判断的前提条件。标识牌设计应考虑阅读的舒适性，尽可能减少头部运动，并使主体信息处于舒适的视角范围内，帮助人们便捷地获取所需的信息，如图7-13所示，几种不同角度符合人机功能的视觉分析；如图7-14所示，火车站广场中，摆放位置合理且符合人机功能的信息导示牌。

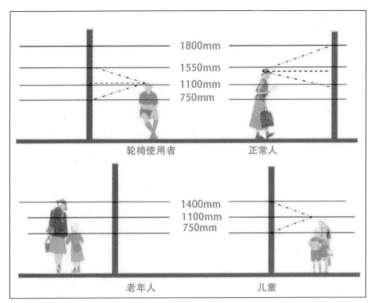

图 7-13　标识牌最佳视角分析图

图 7-14　布局合理且符合人机功能的导示牌

图 7-15 垃圾桶现状

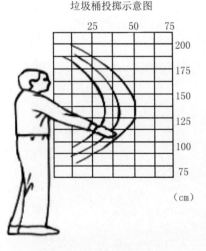

图 7-16 投掷口人机分析

③ 卫生设施。

现状分析：垃圾不宜投掷，投掷口高度过低、面积太小，垃圾桶识别性差，广告牌喧宾夺主，垃圾分类标志识别性差，如图 7-15 所示.

改进：根据人机工程，垃圾箱投掷口高度在 600 ~ 800mm，宽度宜大于 120mm，如图 7-16 所示。

④ 无障碍设施设计。

现状分析：站前广场的无障碍设计现存问题，主要集中在道路、大型公共建筑、道路指示和公共厕所等。

• 盲道不完整。站前广场没有延伸站内交通广场的盲道，整个站前广场几乎没有盲道设施，对于盲人来说，在步行过程中潜在极大的安全隐患。

• 缺乏与盲道配套的设施。目前，站前广场在设置通行盲道的前提下，提示盲道、过街音响提示装置、车站盲文牌和语音提示等配套设施严重不足，势必减少盲道的使用性。在实际调查中，不少盲人抱怨无法安全过街、便捷地使用交通工具，一般需有人陪伴才能出门。此外，广场台阶处没有设置无障碍设施，为残疾人带来不便，如图 7-17 所示。

• 无障碍设施不符合规范。《城市道路和建筑物无障碍设计规范》明确规定：盲道的颜色宜为中黄色。部分广场路面的盲道触感条和提示盲道触感圆点为了与周边环境协调而采用了视觉效果好的金属材料，阳光或灯光照射时会使人眼感光强烈，受到刺激，这样对弱视患者伤害很大，如图 7-18 所示。金属材料还会在下雨或冬天下雪时不防滑，容易使人摔伤，如图 7-19 所示。

此外，整个广场没有设置无障碍设施标志牌。如图 7-20 所示，调整后的无障碍标识、指示牌示意图。

图 7-17　台阶缺乏无障碍设施　　　图 7-18　易产生高光的金属材料　图 7-19　易滑的金属材料

图 7-20　调整后的无障碍标识、指示牌

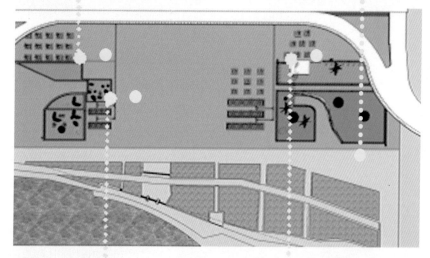

图 7-21　南京的色彩特征

（4）环境设施特色性

① 现状分析

· 环境设施缺乏统一、部分设施造型差异太大，风格混杂。

· 缺乏个性化，部分环境设施造型过于单一，缺乏与城市环境的沟通。

· 地域文化特点表现力差，南京火车站是南京市的窗口和名片，其站前广场应向人们展现出南京作为六朝古都深厚的历史文化，而在现今的环境设施中却都没有体现。

② 设计构思。为了彰显环境设施的特色性，南京站站前广场公共环境设施的形态设计应结合南京特有的地域、人文特点。同时外观上要与周边环境、建筑风格相搭配，具有一定的设计内涵，融入地域文化特色。

· 色彩：提取具有南京历史文化性的灰色调为广场环境设施的基本色调，通过黑与白的强烈对比和灰调系列的协调过渡形成概括、凝练的艺术特征。如秦淮建筑、明长城古城墙，如图7-21所示。

· 文化元素：南京火车站广场环境设施图案的提取赋予南京城市象征的辟邪文化元素。辟邪是一种瑞兽，它带有中国古代劳动人民无穷的想象及夸张，其造化形态极具有生命感和律动感，同时体现出一种顶天立地的精神，如图7-22所示。

图 7-22　辟邪形象

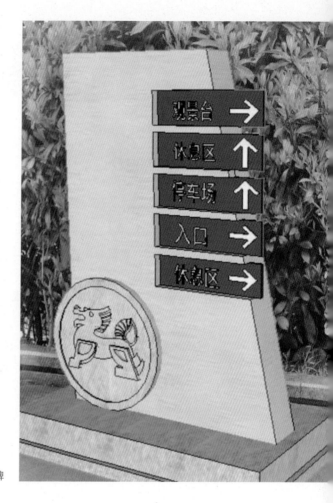

图 7-23　指示牌

③ 设计方案

• 标识牌：简洁的几何造型，与广场周围环境相呼应，黑白对比的颜色更加醒目，增强识别度，如图7-23所示。

• 护柱：在护柱的基础上增加灯的功能，既能起到在夜间提示护柱位置的作用，又能对行人起到引导的作用。护柱设计灵感来自于毕加索的名画《牛》和中国传统的剪纸艺术。辟邪是南京重要的象征性符号，所以将辟邪作为设计的基本元素。从中国传统剪纸艺术吸取营养，采用抽象的手法，将具象的辟邪用简练的线条来概括表现辟邪的神韵，使护住的造型既具有传统文化内涵，又具有现代感，体现了文化特色，如图7-24所示。

• 路灯：路灯和标志牌结合的复合性功能设施，在合理利用路灯灯杆的同时也提高了标志牌的利用率，辟邪图案是南京本土化的体现，同时和色调一起形成各个设施之间联系的纽带，如图7-25所示。

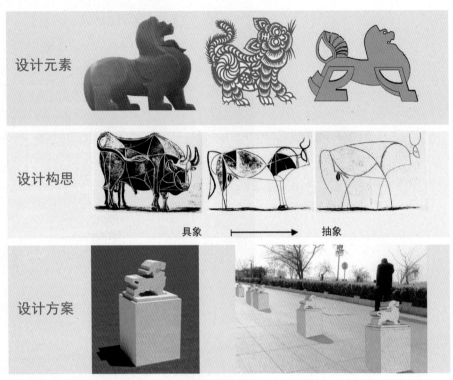

图 7-24　具有文化特征的护柱

图 7-25　具有地域性特征的设施

7.2　城市道路与环境设施

城市道路是表现城市文化生活和城市面貌的"廊道"(Corridor)。简·雅各布斯(Jane Jacobs)在《美国大城市的消亡与生长》中说："当我们想到一个城市时，首先出现在脑海里的就是道路，道路有生气城市也就有生气，道路沉闷城市也就沉闷"。城市道路景观是由道路本体、道路植栽、道路设施、沿街建筑以及周边环境等要素构成的一种城市空间形态。

然而，城市道路环境设施又是道路系统中的重要组成部分，完善的道路环境设施对于发挥道路交通功能，强化道路环境和景观效果有着重要作用。道路环境设施设计不应是孤立的，而是应纳入道路设计的总体框架之中，各种道路环境设施，还应有规范人的交通行为和交通秩序以及突出道路个性、强化方向指认、渲染环境气氛、调节道路空间等功能。

7.2.1　道路环境设施的内容与功能

（1）道路环境设施的内容

对于城市道路环境设施分类，是按照道路设施功能的不同，把道路设施分为道路照明设施（功能照明设施、景观照明设施）、道路标识设施（标识构筑物，景点指示牌、指路标志等）、人车分离设施（护柱、护栏、路墩等）、街道家具及其他（公交车站、电话亭、休息椅凳、雕塑、邮筒、报刊亭、垃圾箱、公共艺术品和电力电信设备等）。道路环境设施内容分繁杂覆盖面较广，按照功能分类，主要由以下的几种类型的设施构成，如表7-2所示。

表 7-2　道路环境设施内容分类

休息类	座椅、桌、凳、其他坐具等
卫生、便利类	垃圾箱、烟蒂箱、邮筒、饮水器、电话亭、报刊亭、流动公厕等
道路、交通类	候车亭、自行车架、围墙、车障、栏杆等
信息、标识类	指示牌、公告牌、报栏、标志牌等
照明类	路灯、地灯、霓虹灯、装饰照明灯具等
娱乐、健身类	儿童游乐设施、健身设施等
绿化类	花坛、行道树、花盆、种植坑、花架等
水体类	喷泉、水池、跌水等
商业类	广告、招牌、售货亭、橱窗、自动售货机等
安全、辅助、无障碍类	消防栓、配电箱、排水设施、控制设施、坡道、盲道等
公共艺术类	雕塑、公共艺术小品、壁画等

（2）道路环境设施的功能性

早期的道路环境设施是从人们用于室外的生活器具发展起来的，在实用功能得以满足的同时，人们开始考虑它作为城市公共空间的构成要素的重要作用。其功能主要包括以下3个方面。

① 实用功能：道路环境设施自身具有并向人群提供的主要功能包括安全、便利、休闲等方面。这是道路环境设施存在和被利用的基础。如灯具为晚间的活动提供照明和安全的保证；座椅使人们得以休息和交往。

② 环境意向：道路环境设施在发挥自身实用功能之外，通过其形态、数量、组合方式对环境空间进行补充和强化。

③ 景观装饰：道路环境设施对环境空间起到装饰和美化的作用。这种装饰效果来自于它本身的艺术美感和环境结合而产生的共鸣效果。虽然装饰性不是道路环境设施的主要功能，但它的景观装饰效果对于城市公共空间的影响是十分重要的。

7.2.2　道路环境设施的特征与作用

由于道路系统在城市空间中承担着无可替代的作用，道路是连接城市各空间节点的纽带，同时道路环境设施又是道路系统中必不可少的组成部分。所以道路环境设施对改善人们的行为方式和城市空间环境都发挥了重要的作用。

（1）安全性、方便性

道路环境设施提升了人们在公共场合活动时的安全系数。由于城市道路承担着交通的功能，可能会存在安全隐患的问题，通过设置栏杆，让人们有了安全的倚靠；路边的消防栓在火灾发生时可以提供水源；道路上的无障碍设施降低残疾人的出行的难度；路灯的存在使人们在晚间安全地出行成为可能。此外，道路环境设施的存在为人们提供了许多便利，道路旁的垃圾箱，为保持城市的卫生整洁也起到重要的作用；路边的公用电话亭、报刊亭、自动售货机为人们提供着需要的便利服务。

（2）识别性、公共性

识别性是道路交通安全的重要内容，也是道路环境设施的基本功能要求。人们需要通过对道路环境设施的造型、色彩、体量以及相互之间关系的协调来增加道路的识别性。例如路边醒目的位置树立着的路标、门牌、地铁标志等，为行人减少了寻找目标的时间。

（3）休闲、文化性

道路环境设施除了实用功能外，还可为人们提供一些休闲娱乐活动。道路环境设施的休闲功能，充分符合了以人为本的理念。

不同地域、不同特点的道路环境设施有表达不同文化内涵的特性，道路环境设施作为城市中无处不在的一种特殊的介质，具有传递城市文化形象的功能。城市道路完善的环境设施对于发挥道路交通功能，强化道路景观环境有着重要作用。

如图7-26所示，杭州某街头运用具有传统形式的建筑构件、柱础作为休息设施，很好地体现了地域文化特色。

7.2.3 不同类型道路环境设施设计原则

对待不同的道路类型采取不同的设计，首先，在道路环境设施设计时，要明确道路的类型；其次，是根据该道路的各种要素进行合理设计，对应道路类型的环境设施应当符合各种不同类型道路的性格与特征。

根据城市道路景观设计的原则，根据不同道路性质及交通特性确定环境设施设计。道路性质的差异决定了道路中交通流量的不同，其

图 7-26　杭州街头的具有文化特征的休息设施

交通功能要求、位置及宽度也不同，它所对应的道路环境设施特点也应不一样，对不同的道路类型的环境设施采取不同的设计是必要的。根据中国现行道路体系划分，城市道路主要有以下几种类型。

① 主干路：主干路为连接城市的主要工业区、住宅区、客货运中心等各主要分区的干路，以交通功能为主，是城市内部的交通大动脉。

② 次干路：次干路应与主干路结合组成道路网。是城市中数量最多的、一般的交通道路，起着集散交通的作用，兼有服务功能。

③ 繁华街道、滨河道路（河畔、湖畔、海岸线、游园道路）、步行街道等。

主干路是以交通为主的快速道路交通流是属于连续流，所以道路两侧环境设施尺度适中，数量相对合理，造型要简单。

城市次干道及城市支路的交通组成主要为非机动车和行人，交通流基本属于次连续流，同时又是慢速交通流，环境设施设计要充分结合道路的现状，设计出既满足道路功能需求又符合次干道特点的道路环境设施。同时也要照顾非机动车流和行人，而道路两边的景观设计则应以慢速车流和行人为主，由于道路使用者的视野是连续的、动态的，景观设计的形式应是整体概括的，多以体现节奏感和韵律为主体。各种交通管理设施，对于规范人的交通行为和交通秩序以及美化交通环境均会产生积极影响。

商业步行街一般位于城市中心或区域中心，由于人流密集、人们可以自由漫步。有充足的时间来品味道路的景观，环境设施除满足自身功能以外，其表现手法应是细腻的，所以对步行街景环境设施的精心设计和布局，将有助于烘托步行街活跃的商业气氛。

7.2.4　道路环境设施分类设计

道路除了道路本体以外，还包括了很多其他构成要素，其中道路环境设施是诸要素中必不可少的要素，从宏观角度来看，道路环境设施的规划与布局是否适当，直接影响道路的功能完整性；然而从微观的角度来看，道路环境设施每种不同类型的个体之间也有设计的规律和要求。例如，比例、尺度、布局和距离等。由于道路环境设施种类较多，下面对道路环境设施中一些主要设施的设计原则进行概括和总结。

图 7-27　设计简约现代的候车厅

（1）公交车站

公交车站应根据道路线路的状况进行分配，一般为500m设一站点。公交车站的长度不应少于公交车长度的两倍，为了方便公交车辆与后方车辆行驶的顺畅性，设置时应考虑使公交车能在直行车道以外的路面上方便进行减速、加速及停靠。公交车站的设置应满足乘客的便利性，最好设置在距离道路交叉口30～50m处。原则上设置候车亭的人行道宽要3m以上，顶棚的宽度不能大于2m（在人行道宽5m以下的情况）。

公交车站避免设置于交叉路口的转弯处，且需与对面的公交车站错开布置，以免造成交通阻塞。应尽量设置于人行道较宽的地点，避免将种植带改造为公交停车空间。在人行道与行车道宽度窄，交通量大的路段，应设置港湾式停车站。应将相关设施如车牌、座椅，照明以及其他配套设施整合在车站区域内，避免干扰人行道路。

还应通过植物和休憩设施将等待空间和人行道的行人空间作适当的分离。公交车站应设置引人注目的标志，或利用绿化手法增加公交车站的可识别性。候车亭的设计应采用单纯简单的形式，并在形式和色彩上与周边环境相协调，如图7-27所示。

（2）电话亭

电话亭宜设置于道路的休息带内，一般公共性强和使用密集的地区宜设透明隔音式电话亭。电话亭的形式和色彩应具有识别性。电话亭的设置，一定要以不妨碍行人行走为前提。与此同时，还要最大限度地给使用者提供适宜的通话环境。在道路上放置电话亭后，要确保1.5m以上的行走空间，还要注意不要将电话亭放置在行人行走路线变化较多的地方，一般靠路沿放置，电话亭的造型应与周边环境协调。

（3）休息设施

休息设施多设在步行街内，应避免设置于噪声、排气或是灰尘等直接影响的地点，座椅应尽量设置在向阳、避风处，并应种植乔木提供避荫，座椅设置的位置应便于人们注视道路上来往车辆和行人，并应避免对视。应以能使不相识的人彼此容易共同使用为宜，宜采用无靠背式或平面式椅凳为佳。座椅的背面应有可依靠的物体，尽量与花坛、矮墙、灯柱等其他设施组合设计，避免单独设置。座椅附近应配置烟灰缸、废物箱等服务设施。

（4）卫生设施

卫生设施应放置在道路人流停留处，其形式、色彩和材料应与道路景观相适应，造型应易于识别，周围地面应铺砌易于清洗的材料，应与道路上其他配套设施一体化设计。还应考虑放置距离，设置位置应既易于发现又不影响视线观瞻。根据实际调查和步行者的体验，对于休闲步行的街道，卫生设施的设置应在25～50m一个，而对于一般性城市道路100～200m左右一个为宜。

（5）电力电信设备

应积极采用管沟将其地下化，必须谨慎选择设置位置，对加设于电力电讯杆上的附属物的安装方法和添加附属物的内容，作适当的规范和管理。配电箱、变压器及电讯箱等必须设置于地面之上。尽量避免电力电信设备占用道路空间，尽可能地将其设置于绿化带之内。色彩应尽量避免过于突出醒目，应采用与周边环境的基本色调相符为宜。在道路旁的高压走廊范围内，禁止种植高大乔木。在电器箱等公用设备外侧部分，可利用移动式的吊挂式盆栽进行绿化、美化，可用引导图来遮蔽变压器，配电盘等设施。

7.2.5　案例分析——南京湖南路商业街环境设施调研分析

（小组成员：李琳燕　杜亚玲）

课　　程：环境艺术设施设计

调研目的：了解商业街的环境设施布局及特点，及人性化设计

调研方法：实地调研、查阅文献、总结归纳

调研对象：南京湖南路商业街

调研内容：湖南路商业街的商业性质及特点；商业街环境设施的
　　　　　规划性布局；商业街环境设施的人性化设计问题

图 7-28　人流密集的湖南路商业

　　湖南路商业街概况：湖南路全长1100m全街共有各类商店238家，呈线性分布，其周边是呈面状分布的居民区，高校区，景观区。

　　以南京湖南路商业步行街为例进行调研分析，从规划布局、功能性、系统性三个方面分析步行街环境设施，通过分析，凸显出几个主要问题。

　　（1）规划布局

　　对于人流、车流量密集的南京湖南路商业街中，环境设施的合理规划布局，会保持商业街的流畅与连续性，如图7-28所示。

　　通过分析，湖南路商业街在规划布局上存在着一些问题，以主入口形象标识牌楼为例，其布局靠近主要交通干道，使得入口与主干道之间缺乏退让空间，因此经常造成人流拥堵现象，严重影响交通和入口形象，如图7-29所示。

图 7-29　商业街现状分析图

图例：
　　流线
　　拥堵区
　　牌楼

图 7-30　商业街改造分析图

图 7-31　湖南路上休息设施现状

改造建议：

在主入口处与主道路之间设置缓冲空间，将入口牌楼向后退让，增大入口面积，这样不仅为游人进入步行街留出退让空间，也会改善交通环境。通过环境设施的重新规划布局，把狮子牌坊向内侧移动，使入口处人流与车辆交通更加顺畅，在一定程度上解决了交通问题，如图7-30所示。

（2）功能性

人是城市环境的创造者，又是其重要的使用者，因此一切的环境设施都要以满足人的需求为原则。在商业步行街中应当体现出对人性的关怀，所有的环境设施都要体现为人民服务，环境设施配置的齐全合理性及舒适度可以增加人对于商业街的使用频率。

就湖南路商业街中休息设施功能性问题为例：人们对于设施的舒适度，便捷性要求。直线型座椅不利于交流，无遮阳物，在炎热的天气，街道中处于阳光直射的地方休息设施的利用率低，如图7-31所示。

调整：可以增加座椅的组合设计，满足人行为的多样性。此外，座椅应尽量向阳、避风，并种植乔木庇荫，形成围和空间，座椅的背面应有可依靠物体，尽量与花坛、矮墙、灯柱等其他设施组合设计，如图7-32所示。

（3）系统性

通过对环境设施系统性的分析，经调研，湖南路商业街环境设施的配置，如表7-3所示。

表7-3　湖南路商业街环境设施配置一览表

设施类别	设施名称	重要性	是否配置
休息设施	座椅	●	是
	凉亭	○	一
交通设施	候车亭	●	是
	护柱	●	是
	护栏	○	是
	自行车停放架	○	是
	交通信号灯	●	是
	停车场装置	○	一
信息设施	标识牌	●	是
	公用电话亭	○	是
	广告牌	○	是
	路牌	●	是
	导游图	●	一
	电子询问装置	○	一
卫生设施	垃圾桶	●	是
	公共厕所	●	是
	烟灰筒	○	是
	饮水器	○	一
	洗手池	○	一
照明设施	路灯	●	是
	步行散步路灯	○	是
	草坪灯	○	一
	投光照明	○	是
绿化设施	花坛	●	是
	景观小品	○	一
无障碍设施	盲道	●	是
	残疾人坡道	●	是
	●重要○一般		一否

图7-32　优秀案例赏析

由列表分析可总结出几个问题：

① 商业步行街的环境设施功能、类型都不够完善，缺乏系统性；

② 在步行街中缺乏卫生设施，卫生设施的数量不能满足环境卫生的需要；

③ 商业街环境设施缺乏特色性和商业性，不能很好地渲染商业氛围。

改造建议：

① 增加商业步行街环境设施的种类，完善环境设施的功能，使商业街环境设施更加的系统性。

② 增加卫生设施的数量，如公共厕所、饮水器、洗手池等。

③ 增设景观小品，改进环境设施的形式，使其更具有特色性。

7.3 城市居住场所与环境设施

居住区泛指不同居住人口规模的居住地,并与居住人口规模相对应，配建一整套完善的、能满足居民物质与文化生活所需的公共服务设施的生活聚居地。目前许多居住区在设计中比较注重对户型和生态的设计，宁愿花大价钱买名贵的树木和高档的材料，而对人在室外活动的需求缺乏系统完善的考虑，往往忽略了环境设施的重要性。

城市空间中有很多不同功能的空间场所，然而居住空间是人们停留时间最长的场所。在居住区中拥有多个具有个性的具体环境，如休息娱乐环境、交通环境等，不同的环境具有不同的环境特性，需要相对应的环境设施配置才能更好地满足其功能。居住区外部空间中的环境设施，为人们的交流、休息、锻炼和嬉戏等各种户外活动提供便利。居住环境的设施既具有实用价值又具有观赏价值，在调节人、环境与社会之间的关系时具有不可忽视的作用。如果居住区环境缺乏必要的环境设施就无法构成令人愉悦的交往空间，无法形成高品质的城市居住区景观环境。

7.3.1 居住场所环境景观设施构成系统

城市居住区可以理解为具有一定规模的、相对稳定的城市居民住宅小区。然而环境设施能为城市居住区中的人们活动提供一定质量的保障，它是经过统一规划并具有多项功能的综合系统。在这个系统中，环境设施包含着硬件和软件两个方面的内容。硬件设施是人们在日常生活中经常使用的一些基础设施，包含着五个子系统，如表7-4所示；软件方面的环境设施主要是指为了使硬件设施能够协调工作、为居民更好的服务而与之配套的智能化管理系统，可以说这些都是人们看不到的环境设施和服务，具体来说包括三个子系统，如表7-5所示。

表 7-4　城市小区环境设施硬件系统

子系统	系统构成
信息交流系统	小区示意图、公共标识、留言板、意见箱、、邮筒、书报亭、阅报栏等
交通安全系统	照明灯具、交通信号、停车场、交通隔离栏、消火栓等
卫生服务系统	公共厕所、垃圾箱、街椅、健身设施、游乐设施、景观小品等
商业服务系统	售货亭、自动售货机、银行自动存取点等
无障碍系统	供残疾人或行动不便者使用的有关设施或工具

表 7-5　城市小区环境设施软件系统

子系统	系统构成
安全防范系统	出入口闭路电视监控、可视对讲与防盗门控制、住户报警等
信息管理系统	远程抄收与管理、公共设备监控、紧急广播与背景音乐等
信息网络系统	电话与闭路电视、宽带数据网及宽带光纤接入网等

7.3.2　影响居住场所环境设施设计的因素

影响环境设施个性化设计的因素主要包括三个方面：环境因素、人的因素以及设施本身的因素。具体来说，是指自然环境、人文环境、地域文化、使用人群、功能、技术、材料等因素，如表7-6所示。

表 7-6　影响小区环境设施个性化设计的因素

因素													
环境因素					人的因素						设施本身的因素		
自然环境			人文环境		地域文化			使用人群						
地形地貌	气候	自然资源	建筑	景观	生活方式	形态	色彩	老年人	儿童	青年人	残疾人	功能	技术	材料

7.3.3　居住场所环境设施分类设计

环境设施是居住区重要的构成元素，由于目前有许多居住区在环境设施上投入很大，但是由于缺乏系统完整的设计与管理，使之无法满足使用功能和提升居住区的环境品质。环境设施应该更加关注居民生活的舒适性、方便性，不仅为人所赏，还为人所用。环境设施设计需要根据居住区的整体思路，采取分类、系统合理的规划设置，只有这样才能系统完善地为居民提供良好的服务。

（1）信息设施

信息设施是居住环境传播信息的主要媒介，其中包括小区的名牌、标识、指引设施等。信息设施有的是单独设置，有的是与灯具、雕塑、建筑等结合起来使用。由于居住区的居住人群通常是较为固定的，区内的信息设施应当具有人性化，简洁清楚、便于识别。

如图7-33，传统的门牌与楼牌显得较小，人们识别起来十分不便，同时其位置设置尺度过高，尤其是老人、小孩不易看清，达不到"识别性"的要求。通常应该设置在较低矮、显眼的地方，将会很好地起到识别作用，如图7-34所示。

图 7-33　门牌显得较小，设置尺度过高

图 7-34　低矮、显眼的指示牌

（2）休息设施

　　休息设施是小区居民的室外家具，主要指露天的桌、椅等，还包括：亭、廊、榭、棚架等。休息设施的规划布置可与花坛、植物、水池等相结合。休息设施为小区的人提供了交往与休息，在休息设施布局方面，各个小区应各具特色，要依赖小区的地理位置和居住人群，若小区居民以年轻人为主，则小区内休息设施相对较少，若小区以老年人居多，则小区内休息设施应完善。且分布都较合理，基本在人们想要休息的地方都能找到休息设施。

　　（3）游乐设施

　　① 儿童游乐设施：儿童游乐设施在居住环境中占有一定的比例，影响着环境景观的效果。游乐设施的选择应能以吸引和调动儿童参与游戏的热情为宜，兼顾功能性与美观。在色彩的搭配上要鲜艳、明快、对比强烈，同时在平面构图上应活泼、富于变化，符合儿童心理特征。如图7-34所示，如商品房住区中一般均设有儿童游戏场和配备有较完善的设施其中，在宅间绿地中还设有小型儿童游戏设施，实现了分级设置。

　　② 娱乐运动设施：在居住区中应该按比例配置一定的娱乐运动设施，一般居住区中该项设施配置较少，尤其是普通住区更少有体育运动设施。居住区中应设有健身器械活动场地和供老年人健身锻炼用的健身器械以及需要供老年人活动用的球类运动场。

7.3.4　案例分析——南京市银城东苑小区环境设施分析

（小组成员：王茜茜　郑竹薇）

课　　程：环境设施设计

调研目的：了解居住空间的环境设施布局及特点

调研方法：实地调研、查阅文献、总结归纳

调研对象：南京市银城东苑小区

调研内容：银城东苑住宅小区的环境设施规划布局、系统性、功
　　　　　能性与人文性

（1）南京市银城东苑小区简介

① 该小区位于紫金山南麓，多所高校环拥四周，人文环境极佳。占地400亩，约3000户居民。居住人群大多为长期居住，对品质有一定追求。

② 环境设施是居住区环境的重要组成部分，以南京市银城东苑小区为例，对该小区环境设施展开调研分析，系统分析总结该小区环境设施存在的问题并提出整改设计方案。

（2）环境设施的现状分析

该小区主要有居住、休闲、商业空间三部分组成，如图7-35所示。由于该小区空间类型、功能多样，鉴于这种情况，本次调研为了分析该小区现状的环境设施，充分结合该小区空间类型分别对小区的环境设施进行分析与研究。

① 商业空间环境设施现状分析。小区商业空间是小区商业中心，商业空间中的环境设施应当与其他类型空间中的环境设施有不同之处，下面对小区商业空间里的环境设施规划布局、类型及数量进行分析，如图7-36、表7-7所示。

② 休闲活动空间环境设施现状分析，如图7-37、表7-8所示。

③ 居住空间

由于该小区的居住楼并不是成阵列排布，而是形成围合性的空间组团。所以对居住区组团的设施规划布局进行系统的调研分析如图7-38所示，居住空间的环境设施现状分布图；表7-9所示，小区居住空间环境设施配置标准与现状分析对比。

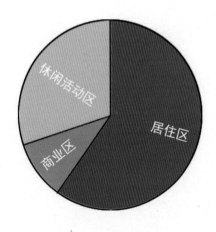

图7-35　三区区域面积比例饼状图

图 7-36　商业空间环境设施现状图

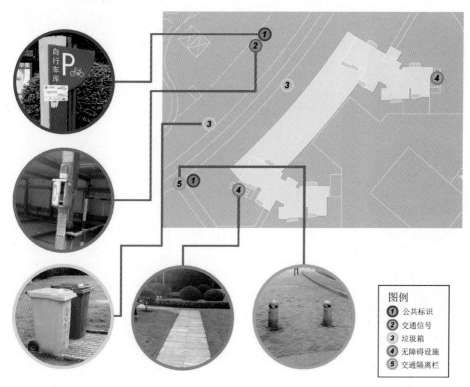

图例
① 公共标识
② 交通信号
③ 垃圾箱
④ 无障碍设施
⑤ 交通隔离栏

表 7-7　小区商业空间环境设施数量分析

主要设施种类	数量	
	标准	现状
小区示意图	1	0
公共标识	2～3	1
交通信号	1～2	1
停车场（区）	1	1（地下）
银行自动存取点	1	0
照明灯具	2～3	2
垃圾箱	2～4	2
交通隔离栏	2	2
消防栓	2	0
无障碍	1	1

图 7-37 休息空间的环境设施现状图

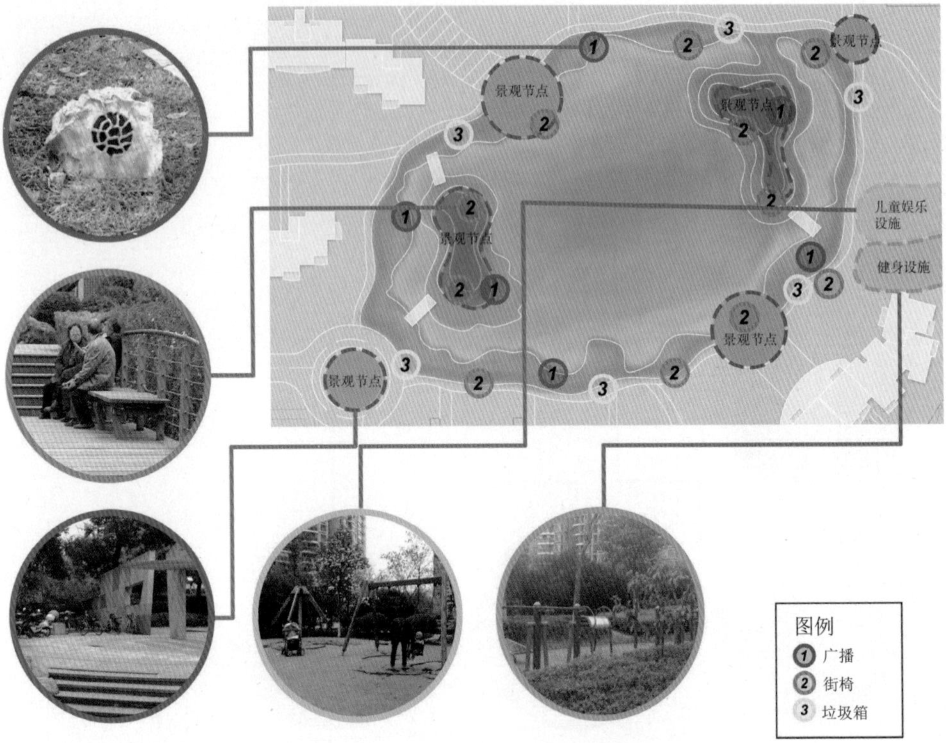

图例
① 广播
② 街椅
③ 垃圾箱

表 7-8 休闲活动空间环境设施布局分析

主要设施种类	数量	
	标准	现状
儿童游乐设施	1 ~ 2	1
健身设施	2 ~ 3	2
垃圾箱	1/100 ~ 200m	1/200m
座椅	1/25 ~ 50m	1/25 ~ 50m
公共厕所	1	0
景观小品	4 ~ 8	6
消防栓	3 ~ 7	5
交通隔离栏	2 ~ 3	3
自动售货区	1	0
无障碍	多处	较少

图 7-38　居住空间环境设施规划布局图

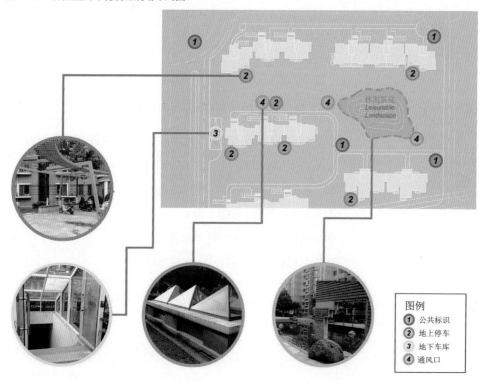

图例
1 公共标识
2 地上停车
3 地下车库
4 通风口

表 7-9　环境设施的配置标准与现状分析对比

主要设施种类	数量	
	标准	现状
公共标识	1	1
意见箱	1	0
报箱	1	1
阅读栏	1	1
垃圾桶	1	1
无障碍通道	1	1
照明	2 ~ 3	2
交通隔离栏	1	1
监控	1	1
住户报警系统	每户有	不详
消防栓	1	1
自动售货区	1	0
紧急广播背景音乐	1	0

（3）环境设施的评价分析

由于小区的环境设施按系统分类，故对各类设施的功能性也将按照不同类型的功能进行评价，如表7-10所示。

每个系统的分析，可将问题分为三大类：

① 设施种类不全、数量不足；

② 部分环境设施规划设计与布局不合理；

③ 部分环境设施功能不合理和缺乏特色性。

表7-10 南京市银城东苑住宅小区评价表

		评价分析
信息交流系统	公共标识	颜色较为醒目，但是与小区无太大呼应，没有该小区特色。
	邮筒、报箱	整个小区有一个邮筒。该小区被分为了几个部分，面积很大，只有一个较为不便。报箱本身虽和其他并无差别，但是在放置上很巧妙，住宅楼的内外都可以用到
	阅报栏、宣传栏	简单的不锈钢设计，并无特色
交通安全系统	交通信号	在商业区的路口并无设置交通信号灯，地下停车场及小区出入口设有指示灯
	停车场	住宅楼下没有非机动车临时停放处。商业区没有预留停车位
	无障碍设施	住宅楼上下处设有无障碍通道，但是整个小区的道路系统上没有设置盲道
休闲娱乐系统	垃圾箱	地面铺装专门设有临时垃圾箱的放置处，与道路隔离开来
	健身设施	健身设施的种类很全，但是放置点只有一处，考虑到小区住户中老年人较多，如此设施布局不能满足人们的需求
	游乐设施	专门设置了儿童游乐区，材质、颜色与其他区域有明显区别
商业服务系统	景观小品	景观亭的连体座椅并无太多人使用。个别景观石的摆放位置没有考虑到居民安全问题
	售货亭	整个小区无售货亭
	自动贩卖机	无自动贩卖机
	银行ATM机	商业区无银行，无ATM机

图 7-39　自行车临时停放现状

（4）小区环境设施改造方案

① 休息设施。小区景观亭因规划设计不合理需要进行调整。从现状来看小区居民楼下设置休息设施凉亭，设计者初衷是为小区居民提供休息场所，但是最终凉亭变成了停车场所。根据调研分析，住宅区设置了地下自行车库，由于休息凉亭规划设计时离居民楼太近，又没有设置隔挡设施，导致地面停车方便于地下停放。一些居民图省力便将车辆临时停放在休息凉亭里，长此以往形成了主要临时停放节点。例如图7-39、图7-40所示。

如图7-41所示休息凉亭增加了隔离设施后，很好地阻挡了车辆的进入，同时由于和植物的配合对休息空间起到了较好地围和。

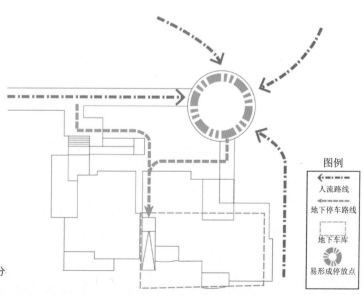

图 7-40　休息设施凉亭现状分

图例

人流路线

地下停车路线

地下车库

易形成停放点

图 7-41　改造后的休息空间

② 健身设施。

现状：该小区中心是健身设施区域，健身区域分为成人健身和儿童游乐区，同时周围还配有游泳池、网球场、篮球场等。

问题：调研过程发现，儿童游乐区在设置时存在一些问题。首先，儿童游乐区西面邻景观池，南面邻游泳池，如图7-42所示。景观池只在水中设置台阶，台阶上放置景观石，并无遮挡设施，对于儿童来说存在很大安全隐患。其次，南面的游泳池虽有护栏遮挡，但由于是室外露天，时间稍久便有损坏，也容易造成落水等危险。

解决方法：首先，将儿童设施与成人健身位置进行调换，成人设施邻水，减少安全隐患，如图7-43所示。如果位置不调换，可在景观池上添加亲水平台并设置护栏，阻挡儿童接近水池，如图7-44所示。其次，将泳池的护栏更换，换为更耐腐蚀、不被轻易破坏的材料，同时相关人员要进行定期的维护与修整。

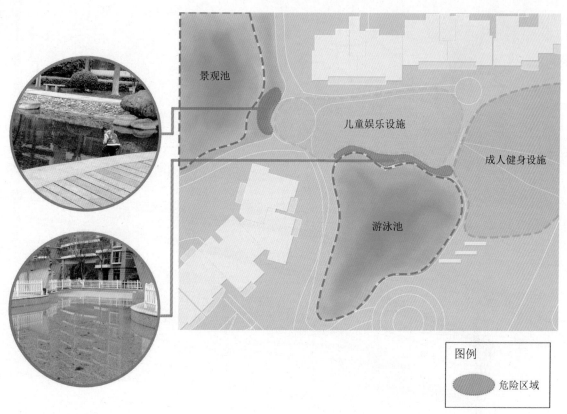

图 7-42 景观水面现状分析

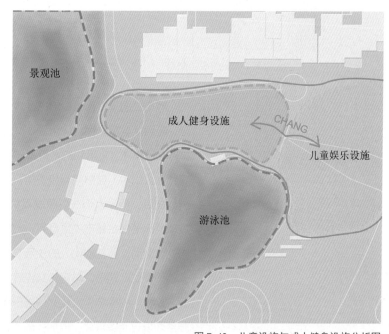

图 7-43 儿童设施与成人健身设施分析图

图 7-44 景观水域增加防护设施

7.4 城市公园与环境设施

城市公园是城市建设的主要内容之一，是城市景观的重要组成部分。是满足城市居民的休闲需要，提供休息、游览、锻炼、交往以及举办各种集体文化活动的场所。

在公园中，自然风景是主角，环境设施不像在广场或街道中那么引人注目，但是人们在游憩过程中环境设施是必然不可缺少的因素。城市公园虽然是城市中最具有自然性的开放空间，是人们游憩的最佳去处，然而，随着现代人的生活节奏加快，单纯的游憩已经不能满足人们的需要，娱乐、体育、文化等多方面的要求突破了人们头脑中旧有"公园"的概念，大量文体娱乐设施加入到公园中，使得公园的内外部环境日益多样化，增加了形态各异的公园类型，为城市公园注入了新的活力。

7.4.1　城市公园环境设施的特点

　　城市公园环境设施是为游人提供满足户外活动相关需要的公共服务设施，既具有其他类型环境设施所应具备的功能及社会价值，又具有相对独立的规划和设计定位。

　　城市公园是一个空间尺度相对较大的，以人为本的，兼顾自然性和人文性的城市景观空间，所以城市公园的环境设施也要兼顾自然性、人文性，如表7-11所示。

表7-11　城市公园环境设施设计的影响因素

影响城市公园环境设施设计的因素						
人的因素		环境因素				设施本身的因素
生理	心理	地域环境（广义）		空间环境（狭义）		
		自然环境	人文历史	空间尺度	空间类型	材料
						技术

　　各城市空间的视觉形象都是城市中的人在选择和被选择的行为方式下逐渐形成的物质形态演化，其间蕴含着各城市独特的社会心理、人文情感及历史沧桑。因此，城市公园环境设施的设计，应该注意尊重它与所在城市和地区的历史文化演变及生活其中的人的行为方式及生活需求之间的关系。

7.4.2　城市公园环境设施的构成系统

　　① 交通系统：由于城市公园与其他类型空间相比，共享空间尺度大，交通情况比较复杂，所以交通安全设施对于保障行车安全、减轻潜在事故程度起着重要作用。良好的安全设施系统应具有交通管理、安全防护、交通诱导、隔离封闭、防止眩光等多种功能。

　　② 指示系统：指示系统是公共空间的功能指引，是公共空间文明的标志。指示系统设计流程包括：功能区域规划，车行交通分析，人行交通分析，使用者查找舒适度分析，导示图设计，指示牌设计，指示图标设计，地面标记设计。

　　③ 休憩系统：休憩设施包括亭、廊、餐饮设施、座凳，等等。休憩设施为游人提供了休息与娱乐的功能，有效提高了公园场所的使用率，也有助于提高游人的兴致。休憩设施设计的风格与城市公园环境构成统一的整体，并且满足不同服务对象的不同使用需求。

　　④ 卫生系统：卫生设施通常包括厕所、果皮箱等，它是环境整洁

图 7-45　城市公园夜景灯光效果

度的保障，是营造良好的景观效果的基础。卫生设施的设置不但要体现功能性，方便人们的使用，同时不能产生令人不快的气味，而且其形式与材质等要做到与周边环境相协调。

⑤ 灯光照明系统：灯光照明系统是为了照明和营造园林夜景效果而设置的，主要包括路灯、庭院灯、灯笼、地灯、投射灯等。灯光照明系统不仅具有实用性的照明功能，突出其重点区域，同时本身的观赏性可以成为园林绿地中饰景的一部分，其造型的色彩、质感、外观应与整个公园的环境相协调，如图7-45所示。

⑥ 音频设施系统：音频设施通常运用于公园或风景区当中，起讲解、播放音乐营造特殊的景观氛围等作用，以求跟周围的景观特征充分融合，让人闻其声而不见其踪，产生梦幻般的游园享受。

⑦ 通信设施系统：通信设施通常指公用电话亭。通信设施的安排除了要考虑游人的方便性、适宜性，同时还要考虑其视觉上的和谐与舒适。

⑧ 展示设施系统：因为城市公园具有展示教育的功能，所以在城市公园中的展示设施设计与布局就显得较为重要。展示设施包括各种导游图版、路标指示牌及动物园、植物园和文物古建筑、古树木的说明牌、阅报栏、图片画廊等。它对游人有宣传、引导、教育的作用。设计良好的展示设施能给游人以清晰明了的信息与指导。

7.4.3　城市公园环境设施设计的影响因素

① 尺度因素：由于空间尺度的不同会导致人们采用不同的活动方式，从而影响到环境设施的数量、设置、形式，甚至设施的体量也会

图 7-46 柏林城市重生公园

发生相应的变化。城市公园环境设施与人的关系极为密切，对人尺度
的了解是第一位的。人的尺度既包括人体在环境空间内完成各种动作
时的活动范围，还包括人与人之间的交往尺度，它是决定设施尺度的
最基本数据。这就要求设计不仅是感性的艺术创作，还要具有理性的
科学表达。

　　② 行为心理因素：不同的活动决定了人们对环境空间的依赖性不
同，也决定了在城市公园中，应对不同类型的活动，设置不同的环境
设施。优秀的环境设施不仅为满足人们的各种社会活动提供了物质条
件，还对人们在公园中的活动方式和行为模式起到一定的暗示和引导
作用，如图7-46所示。

　　③ 文化要素：地域传统人文要素与生活在其中的人息息相关，人
作为传统文化的创造者也同时受到传统文化对其潜移默化的影响，这
里的影响包括：人们的生活方式、生活态度、宗教信仰、性情品格等
方面。文化要素包括物质要素和精神要素，如图7-47所示。

图 7-47 悉尼海德公园

④ 环境因素：现代环境设计倡导人造环境与自然环境结合的观念，作为置身于环境中的环境设施设计，在介入大众生活空间的同时，不可避免地受到所在地区自然环境因素的影响。

⑤ 气候因素：气温、湿度、日照、空气等气候因素也会影响设施的设计。例如部分地区气候炎热，日照多、室外照度高、空气透明度大，雨量多，在造型上就必须考虑到既要通风又要遮光、防雨的要求，色彩宜选用明朗的浅冷色调，材料应能抵抗烈日暴晒和暴雨的破坏以及隔水性和耐腐性较好、导热性差的材料。

7.4.4 案例分析——玄武湖公园环境设施设计调研分析

玄武湖公园的环境设施总体配置良好，系统完整如图7-48。但是，在调研过程中发现环境设施的整体规划仍然存在一些问题。

在对公园中存在的一些问题进行解析研究，总结出问题的内在原因后并给出调整的建议。

图 7-48　玄武湖公园环境设施现状图

图 7-49　草坪被随意踩踏

（1）基于规划布局方面的问题

现状：部分区域的环境设施并没有很好地与人的行为活动习惯相结合，造成了草地被踩踏的现象，如图7-49所示。

原因分析：在道路转弯处，由于草坪周围没有适当的遮拦，人通常有走捷径的心理习惯，鉴于这种情况，游人都会选择走捷径，从而导致草坪被踩踏，如图7-50所示。

解决方案：

首先，在容易发生这种情况的地段设置警示牌，来提醒人们爱护草坪，以此达到遏制人们穿越草坪的现象，这是心理暗示的行为，如图7-51所示。

其次，还可以设置客观存在的环境设施对游客直接地进行阻挡。例如，设置垃圾桶，既阻止了游人抄近道的行为，同时还改善环境卫生，如图7-52所示。又如，在人行道与草坪之间设置绿篱进行围拦，防止人们进入草坪，如图7-53所示。

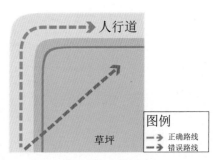

图 7-50　走捷径行为习惯

图 7-51　设置警示牌

图 7-52　设置垃圾桶阻拦

图 7-53　设置绿篱阻拦

（2）基于信息指示系统存在的问题

现状：由于玄武湖公园面积大，空间功能、类型多样，单一功能的指示系统不能很好地适应综合性公园的需求。

原因分析：通过调研与观察发现玄武湖公园中的指示牌种类单一，不能够满足不同道路类型的指示功能。例如，在十字路口使用单向的指示牌，不能明确地指示目的地所在方向，如图7-54。

图7-54　交叉路口单向指示牌

解决方案：选择多种形式的指示牌进行指示。例如：

① 一般在道路旁可选择地面型指示牌；

② 在道路交叉路口采用之字型指示牌；

③ 在景区使用与环境相结合的仿生指示牌，如图7-55所示。

图7-55　调整后玄武湖公园部分指示牌图例

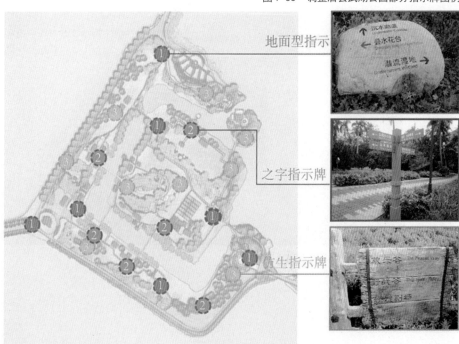

（3）基于休息设施规划与布局缺乏合理性

现状：休闲座椅的规划与放置缺乏合理性，如图7-56所示。

原因分析：首先，座椅安置的朝向出现问题，且没有考虑到遮荫。座椅面朝的方向应该视野开阔，并且要有一定隐蔽性，如图7-57所示。其次，在群组配置时没有形成围合空间。

解决方案：

首先，应考虑将座椅放置在绿篱前、树荫底下。其次，应设置几组形成围合空间的休息设施，如图7-58所示。

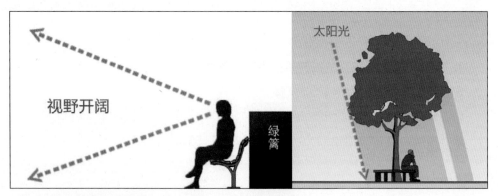

图7-56　休息设施的放置原则

图7-57　座椅摆放存在问题

图 7-58　休息设施的摆放

参考文献

[1] 刘向东. 室外环境中的公共设施设计装饰（总第130期）2004.

[2] 王昀, 王菁菁. 城市环境设施设计 [M]. 上海：上海人民美术出版社, 2006.

[3] 丁熊, 张福昌, 宫崎清. 城市社区环境设施个性化设计研究 [DB/OL].

　　http://dolcn.com/data/cns_1/article_31/paper_311/penv_3113/2003-11/1069569731.html.

[4] 杜伟. 论公共设施设计的五个原则 [J]. 现代艺术与设计. 2006.

[5] 曹瑞忻. 欧洲公共座椅设计的人文关怀 [J], 艺术生活, 2002.

[6] 官政能. 公共户外家具 [M]. 台北：艺术家出版社, 1983.

[7] 于正伦. 城市环境艺术——景观与设施 [M]. 天津：天津科学技术出版社, 1990.

[8] 苗鹏云. 城市广场及街道中环境设施的艺术造型设计研究 [D]. 西安：西安建科. 2007.

[9] 杨子葆. 街道家具与城市美学 [M]. 台北：艺术家出版社, 2005.

[10] 杨晓军, 蔡晓霞. 城市环境设施设计与运用 [M]. 北京：中国建筑工业出版社, 2005.

[11] 中国流行色协会. 统一与多样的博弈——街道公共服务设施的色彩设计 [EB].

　　www.fashioncolour.org.cn. 2009.

[12] 徐洁. 我国公共基础设施维护研究 [D]. 重庆：重庆大学. 2008.

[13] 冯信群. 公共环境设施设计. 东华大学出版社.

[14] 陈勇. 城市环境中的"街具"设计 [J]. 重庆建筑大学学报, 1997.

[15] 张海林, 董雅. 城市空间元素公共环境设施设计. 第1版. 北京：中国建筑工业出版社, 2007.

[16] 丁天军. 城市街道公共设施设计. 南京：南京理工大学, 2004.

[17] 吴海红, 朱仁洲, 周小儒. 产品形态设计基础. 北京：化学工业出版社, 2005.

[18] 于正伦. 城市环境创造：景观与环境设施设计. 天津：天津大学出社, 2003.

[19] 陆沙骏. 城市户外家具的人性化设计研究. 无锡：江南大学, 2004.

[20] 曾勇, 林波. 城市公共环境设施规划设计的影响因素分析 [J]. 山西建筑. 2008.